人工影响天气效果评估

周筠珺　著

科学出版社

北　京

内容简介

人工影响天气是人类在了解自然规律的基础上，通过探索和开发相应的技术，进而介入自然发展与演变的有力例证之一。需要强调的是这种介入是“有限的”，其目的是趋利避害。尽管如此，介入的效果如何？可以依据此类方法继续介入吗？如何改进已有的介入方法？这些依然是人们需要关注和回答的问题。因此，人工影响天气效果评估，是人们开展人工影响天气工作的必然要求。为了更加高效地服务于此项工作，本书主要从人工影响天气的发展趋势、人工影响天气效果评估研究进展、人工影响天气效果评估中存在的一些问题、人工影响天气效果统计评估方法、人工影响天气效果物理评估方法、人工影响天气效果模式评估方法、人工消雹效果评估、人工增加降水效果评估，以及人工消雾效果评估等方面系统地介绍人工影响天气效果评估工作。

本书内容翔实，技术方法简明实用，可作为人工影响天气相关从业人员及大气科学领域研究生与本科生的科学研究参考资料及教材。

图书在版编目(CIP)数据

人工影响天气效果评估 / 周筠珺著. — 北京：科学出版社, 2020.12

ISBN 978-7-03-067207-0

Ⅰ. ①人… Ⅱ. ①周… Ⅲ. ①人工影响天气-效果-评估 Ⅳ. ①P48

中国版本图书馆 CIP 数据核字 (2020) 第 247494 号

责任编辑：张 展 孟 锐 / 责任校对：彭 映
责任印制：罗 科 / 封面设计：墨创文化

科学出版社 出版

北京东黄城根北街16号
邮政编码：100717
http://www.sciencep.com

成都锦瑞印刷有限责任公司印刷
科学出版社发行 各地新华书店经销

*

2020年12月第 一 版 开本：787×1092 1/16
2020年12月第一次印刷 印张：7
字数：166 000

定价：69.00 元

（如有印装质量问题，我社负责调换）

前　言

在全球气候变化的大背景下，人类社会正面临着各类气象灾害的威胁，越来越多的国家正在计划或已开展了人工影响天气作业以应对日益严重的各类气象灾害(如干旱、冰雹及雾等)。人工影响天气作业需要建立在健全的科学基础而非空洞的承诺之上，因此人工影响天气作业不仅需要严格的理论基础和有效的实施方法，也需要对作业效果进行严谨的评估，唯有如此，才能真正在更大的范围内持续推进人工影响天气工作的有序发展。

目前主要开展的工作包括：人工增雨、人工增雪、人工防雹，以及人工消雾等。众所周知，人工影响天气作业是复杂的系统工程，除了涉及核心的作业前、作业中及作业后三个关键的环节，还涉及与作业相关联的装备准备、空域申报及统一的作业指挥系统。其中，作业前主要是按照作业准备，依次“逼近式”获取不同层级作业条件[主要包括预报作业过程(72～24h)、预报作业潜力(24～3h)及预警作业条件(3～0h)]；作业中主要跟踪监测与作业实施；作业后则主要是对作业效果进行评估。本书将对人工影响天气效果评估进行系统的介绍，主要涉及三种方法，分别是统计评估、物理评估与模式评估。就整个人工影响天气研究的发展现状而言，效果评估仍然是较为薄弱的环节；效果评估在人工影响天气工作中开展得依然不够系统，缺乏科学性与严谨性。本书将通过绪论回溯人工影响天气效果评估的发展历史，进而分别系统介绍统计评估、物理评估与模式评估方法，并对人工消雹、人工增加降水及人工消雾的效果评估进行详述。由于作者水平有限，书中难免存在不足之处，敬请读者赐正。

本书是在国家自然科学基金项目(41875169)、成都市科技项目(2018-ZM01-00038-SN)及南京信息工程大学气象灾害预报预警与评估协同创新中心共同资助下完成的，在此一并表示感谢。

目　　录

第1章　绪　　论

在过去很长的一段时间内，人工影响天气工作在作业条件获取、作业组织实施、作业监测指挥、监测资料分析、作业数值模拟等方面都有了长足的发展；在作业实施中，学术界不仅关注单个云的各类物理过程，而且也重视云与云之间的相互作用。

在气候研究中，气溶胶与云的相互作用是备受关注的内容，当气溶胶作为云凝结核(cloud condensation nuclei，CCN)及冰核(ice nuclei，IN)时，环境气溶胶粒子将影响云中水成物粒子的数浓度及尺度分布，进而影响水成物粒子在云中的基本物理机制。自然云系统中的物理过程涉及巨大的能量，这意味着任何试图改变其中物理过程的人为作业皆需要依据完整的理论进行实施，催化时应在云中适当地增加云凝结核(冰核)，或替代云中自然核，对云进行“外科手术”式影响。

1.1　自然云系统及其变化

1.1.1　云系统的微物理特征

自然界中的气溶胶粒子无处不在，它们的尺度区间为几纳米到几十微米。气溶胶粒子对于云的形成至关重要，因为它们提供了液体凝结或固体沉积开始的表面。大多数云催化的基础是在云中添加特定的气溶胶颗粒物，这些颗粒物与自然可获得的水汽的颗粒物形成相互竞争关系。

由 Köhler 的理论(Pruppacher and Klett，1997)可知，在属于气溶胶的 CCN 上，液滴的核化与 CCN 的尺度分布、化学组分、云中的上升气流速度及过饱和度等高度相关，从理论上讲，液滴核化与这些因素呈函数关系。冰晶除了可以通过均质核化(无任何的固体核化表面，且温度需低于-35℃)形成，还可以通过冰核(IN)加入后异质核化形成；由于冰核的存在，冰相粒子可以通过水汽的凝华，或液水冻结核化形成(Vali et al.，2015)。冰核的数浓度随着温度的降低与水汽饱和度的增加而快速增加(Pruppacher and Klett，1997)，然而学术界对于核化过程的认识仍然十分有限，目前尚不能通过气溶胶粒子的数浓度及其化学组分推测冰核的浓度或特定种类冰相粒子形成的机制。由于缺乏有效的冰核数浓度及化学组分的监测手段，目前对于自然冰核的时空变化的了解仍然有限。在云中往往在特定的温度区间存在明显的冰晶繁生过程，这是导致监测冰晶数浓度困难的原因之一(Field et al.，2017)。

核化后的液态云滴可以通过凝结及其后的碰并过程最终增长为达到降水尺度的液滴。碰并效率依赖液滴的下落末速度，即液滴的尺度分布(Twomey，1977)。当在 CCN 上发生了核化，且其尺度区间较大时，云滴向雨滴的转变效率较高。此外，很多小液滴在污染较明显的背景下，其尺度分布区间进一步变窄，从而降低了液滴之间的碰并的可能性，进而减小了雨的转化效率(Flossmann and Wobrock，2010)。

对于可发展至冻结层以上的云而言，其中存在形成混合相及冰相的物理过程；云中经过核化、水汽扩散所致的冰相粒子的增长，当有足够过冷水蒸发并维持相对于冰相粒子的过饱和条件时，会导致冰相粒子的快速增长[即 Wegener-Bergeron-Findeisen 过程(WBF)]，(Pruppacher and Klett，1997)。

总之，单独的水汽扩散并不足以在云的生命期内产生降水，液滴之间的碰并是产生降水尺度粒子的必要条件。此外，过冷液滴可以被冰晶捕获而完全或部分冻结；冰相粒子通过凇附或混合相过程形成霰粒子或雹，冰相粒子自身之间同样会通过碰并形成聚合物，并且受到粒子尺度、水成物粒子动力过程及环境因子(如环境水汽与电场)的影响(Pruppacher and Klett，1997)。

1.1.2 云系统的动力特征

自然界有一些云系统具有典型的动力学特征。例如，冬季锋面云系经过山区时在迎风坡能够产生比背风坡更多的降水，这种云系多表现为层状云，但其中常嵌套着对流云系。在很多情况下，由于低层层云与风经地形抬升，而并不是从地形旁绕过，在迎风坡上升的湿空气产生凝结或冻结。如果冻结层低于山峰，且山峰的温度并不太低，过冷液水可以比冰相粒子产生得更多。地形降水的分布不仅受云中微物理过程、动力学过程以及湿空气的热动力过程的影响，还与地形的宽高比等特征及低层的稳定度有关。因此，如果嵌入层云中的对流不太强，则地面降水的时空分布可以以一定的精度进行估算。

地表加热通常对产生适合催化的对流云系统很重要，可以被催化的对流云系统的尺度范围一般较宽，如从晴天小的积云(空间尺度为数公里，生命期为数十分钟)至高大积云或深对流雷暴及中尺度复合体(空间尺度为数百公里，生命期为数小时)。对于适于以吸湿性催化剂催化的液相云过程，其初始发展状态十分重要，这意味着其需要在云底与冻结层之间有足够的厚度。由于云凝结核及冰核浓度会影响云中微物理过程，特别是在云的发展超过冻结层后，液态云滴会转变成冰相粒子，进而潜热释放并增强云中的对流作用。

对流云极易受到地表热通量、边界层动力、夹卷、风切变、水汽、逆温等条件的影响，因而其降水的时空变化显著，这就使得在自然降水中监测催化增加的降水是十分困难的工作。

1.2 人工影响天气定义

地球上自从有了人类，人工影响天气的行为就开始出现。人工影响天气可分为“无意识”及“有意识”的人工影响天气。广义的人工影响天气是人类“无意识”及“有意识”的活动导致的一个区域内天气及气候的变化。

“无意识”的人工影响天气通常指的是人类在生产生活过程中“无意识”或者“不经意”引起的天气及气候的变化，如人类活动造成的环境污染及下垫面特征的改变(城市化与植被破坏等)导致的局地或区域内天气及气候的变化。而“有意识”的人工影响天气，通常简称为人工影响天气，指的是以人为的手段及方法使得天气过程及现象向着人们预想的方向及状态转变，而其中手段及方法则主要是基于对自然云和降水形成过程的深入认识，利用自然云微物理的不稳定性，在适当的时机及条件下，对特定区域内云中的水成物粒子的微物理及化学过程施加相应的影响，从而改变其原有的发展状态及节奏，进而达成减少或避免相应天气灾害的目标。人类已开展的人工影响天气工作主要包括人工增(减)降水、人工消雹、人工消云(雾)、人工抑制雷电以及人工防霜冻等。人工影响天气是以“四两拨千斤”的方式实施的，即是以少量的代价取得巨大效益的工作。

1.3　人工影响天气发展趋势

具有科学意义的人工影响天气始于 1948 年 Langmuir 与 Schaefer(Schaefer，1953)利用干冰在过冷层云中播撒，并产生了降水，当时一些重要的科学试验结果对世界范围内人工影响天气的发展起到了重要的引领和示范作用。自 1958 年以来，我国人工影响天气事业已走过了 60 多年的发展历程，不仅装备实现了升级，如高炮、火箭、飞机等一应俱全，模拟大气和云环境的云室与风洞等云降水综合实验设施也日趋完善。我国人工影响天气服务领域已拓展到农业抗旱减灾、云水资源开发、江河湖泊蓄水、生态环境建设、森林草原防火、机场公路消雾、重大活动保障、改善空气质量、应对突发污染事件、城市降温等多个领域，并成为各级政府防灾减灾、趋利避害的一项重要举措。

水是人类赖以生存的非常重要的“必需品”之一，传统的水源主要包括地下水、河水以及水库水，然而随着人口数量的急剧增加，人类不断开发土地，对于水的需求量持续提升，传统的水源正面临严重不足的威胁，特别是在干旱及人口增加的双重压力下，饮用水短缺且成本增加。尤其是在那些以地下水为主要水源的区域，可使用的地下水正在快速减少，为了缓解这一压力，人工增加降水是人工影响天气作业中开展得最为普遍的工作之一。即便是在热带地区的一些国家，也存在干旱的季节与年份，人工增加降水作业依然有其发展的空间。因此，学术界对于如何将云中的水汽高效地转化为降水这一问题一直都十分重视。

通过室内试验、数值模拟及观测研究等手段证实，对于如雾、浅薄云、简单的地形云以及小积云的人工影响效果已经被证实。尽管过去的试验表明单体及多单体的降水会表现出增加、减少，以及重新分布等状态，但是人们对于其中的物理机制仍然不甚了解，这些状态目标单体的选择标准、自然变化以及相应的分析方法都是相关的。复杂的大气过程以及不会重复的云和降水的发展进程，都严重迟滞了需要以学术界认可的方法重复测试和验证的云催化技术的发展脚步。

一直以来，人工影响天气作业通常是在人们迫切需要时(如发生大旱而急需水)才会开始实施，而过了这一“危急”的时段，人们就不再会进行作业。这就会引发一些基本问题：作业是否真的有效？以及更进一步的问题：在紧急状态下只存在有限可催化的目标云时，是否值得进行催化作业？人工影响天气作业作为水资源管理的手段之一，一个较好的方法便是“常备不懈，以备不时之需”，即使在“非紧急”状态下也需要作业，以便为将来干旱时提供充足的水资源。

学术界对于人工影响天气一直存在较多的争议。如 Changnon 与 Lambright(1990)指出人工影响天气作业存在六个方面的问题：①人工影响天气的理论基础不充分；②人工影响天气作业规划存在缺陷；③人工影响天气作业出资方与研究人员意见存在分歧；④人工影响天气作业试验缺乏持续性；⑤人工影响天气作业研究缺乏持续性；⑥人工影响天气研究成果乏善可陈。

降水涉及一系列不同尺度的物理过程，主要包括大尺度的天气背景、中尺度的环境特征、小尺度的对流活动、水成物粒子的微物理过程(液相及冰相粒子的核化、生长及降落等)。尽管到目前为止，学术界对于降水的各个物理过程都有了一定的认识，但是对这些物理过程之间是怎样相互作用的认识还是较为有限的。

由于不同地区气象条件有明显的差异，各区域的降水也存在较大的差异。大气中的气溶胶及水汽在复杂的物理条件作用下形成云中水成物粒子，进而形成降水，如图 1.1 所示。

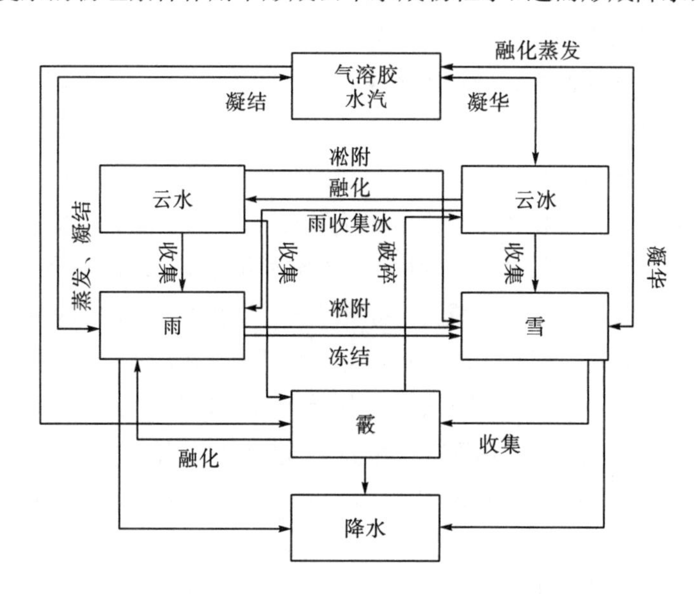

图 1.1 水汽以不同的方式转变为云中水成物粒子及降水(Houze，1993)

当云顶温度高于 0℃时，降水主要通过云中水成物粒子的聚并而形成；当云顶温度低于 0℃时，降水形成的过程则要复杂得多，云中液相及冰相粒子相互转化，最终形成降落至地面的有效降水。云通常可以分为陆地型及海洋型，不同类型的 CCN（云凝结核）的尺度分布差异较大，从而导致云中水成物粒子的数浓度及尺度谱也有较大的差异，其中海洋型的云中水成物粒子较少，但相对于陆地型的云则有更多的大粒子（Pruppacher and Klett，1978）。

对于陆地夏季对流云而言，当云底温度低于 10℃，且云滴谱较窄时，冰相粒子将在 -12～-9℃的温度区间内快速增长；当云底温度高于 10℃时，水成物粒子的聚并及繁生主要出现于-8～-5℃。在这两种状态下，主导的冰相粒子存在较大区别：前者的冰相粒子以六角板及分枝的六角板形成的霰粒子为主，而后者则以大冻滴、柱状冰晶及冠状柱冰晶为主；后者降水过程中冰晶的初始化形成得较早，且效率更高（Johnson，1987），冰晶浓度也通常高于前者。由于降水的复杂性，观测试验很难给出关于降水的较为确切的结果。监测手段的不断完善，为人工增加降水试验及其效果评估提供了必要的基本条件。

虽然目前我国人工影响天气作业规模大、政府支持力度强，国家和地方已建和在建的人工影响天气工程都为我国人工影响天气技术的发展创造了有利的条件，但是值得注意的是，这些有利条件带来的既是新的发展机遇，也是严峻的挑战。机遇主要体现在先进的技术装备的应用可为我们提供深入认识云和降水物理及化学的基本条件及促使其快速发展的机会。而挑战则主要体现于如何有效组织管理及开展具有科学设计的人工影响天气作业和试验，如何解决人工影响天气科技支撑薄弱等突出问题。而其中人工影响天气效果评估是不容忽视的关键问题之一。

尽管对例行性规模化的人工影响天气作业通常没有进行严格的效果评估，而且此类人工影响天气作业效果评估如何进行一直以来也是学术界争论的焦点问题，特别是对于有效的定量效果评估尤为如此，但是人工影响天气不仅是科学研究所必需的，同时也是统计物理发展不可或缺的必要支撑。

1.4　人工影响天气效果评估研究进展

人工影响天气作业中的关键核心问题之一便是效果评估，有时人工影响天气的效果也是显而易见的，如图 1.2 所示的“无意识”的人工影响天气效果，看起来“立竿见影”；再如 Langmuir 与 Schaefer 于 1948 年在过冷层云中以每英里（1 英里=1.61km）播撒 1.7 磅（1 磅=0.454kg）干冰的速率进行催化后 24min 云顶出现了明显的宏观变化，且在云底出现了明显的降水（图 1.3），这次催化试验的效果也是显而易见的。除了层云播撒效果明显，对积云播撒同样也会看到明显的效果，此外由于积云被过度播撒干冰（图 1.4），在 10min、19min、29min、48min 后因获得了更多的浮力出现了爆发式的增长，这远比其自然发展的高度高很多。

(a)飞机刚飞过较薄的高积云留下很宽的航迹（作者摄于成都）

(b)飞机穿过过冷高积云后留下的“洞”(Wallace and Hobbs，2005)

图 1.2 “无意识”的人工影响天气的效果

(a)Schaefer，试验1953

(b)Wallace 与 Hobbs试验，2005

图 1.3 在过冷层云中播撒干冰后云顶产生的明显宏观变化

(a)播撒后 10 min

(b)播撒后 19 min

(c)播撒后 29 min

(d)播撒后 48 min

图 1.4 对积云进行过度播撒干冰后呈现的爆发式增长(Wallace and Hobbs，2005)

无论是“无意识”还是“有意识”的人工影响天气的宏观效果都是较容易被观测到的，然而人工影响天气中的催化主要是通过云中微物理过程起作用，催化可以改变云中的水成物粒子的微结构及其微物理过程，人工影响天气效果也可以体现于其中，图 1.5 为人工影响天气作业前后云中水成物粒子及光学特性的差异，作业前云中以凇附冰相大粒子与小液滴为主，受小液滴的影响产生了“虹”，作业后以非凇附板状小冰晶为主，受板状小冰晶的影响产生了“晕”。

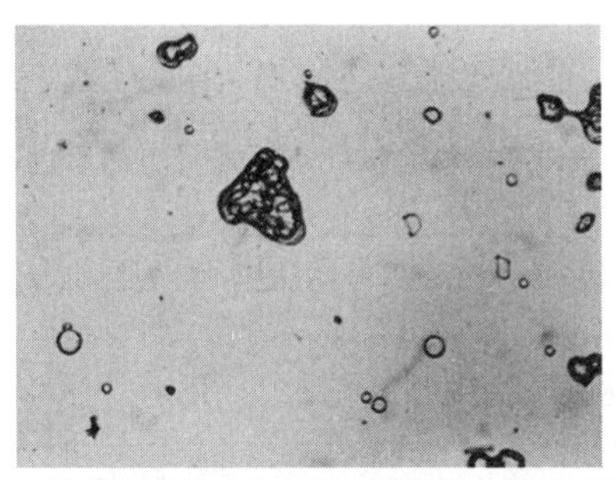

(a)作业前自然云中不规则凇附冰相大粒子与小液滴共存

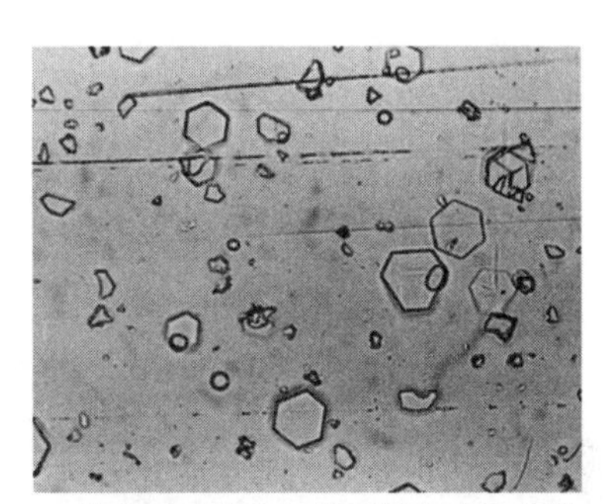

(b)作业后云中冰相粒子转变为非凇附板状小冰晶

(c)作业前自然云中小液滴产生的“虹”

(d)作业后云中板状小冰晶产生的“晕”

图 1.5　人工影响天气作业前后云中水成物粒子“微结构”与云的光学特性的差异(Wallace and Hobbs，2005)

对人工影响天气作业效果评估中科学证据的解读，一直是学术界关注的话题，科学证据被解释为对通过可预测、可检测和可验证结果复制过程的认识。除了冷雾，尽管有明显的催化后的变化迹象，但现有的观测证据尚不能完全作为催化效果的证据。这一立场并不会对现有人工影响天气的概念形成挑战，相反，在有把握的知识和有需求的行动之间找到正确的平衡才是一个挑战。与有用的信号强度相比，自然系统中的噪声水平使得验证降雨或降雪的增强或冰雹的减少非常困难。对最终导致地面降水的云的物理过程链缺乏清晰的理解，使得效果评估问题更加复杂。过去，由于没有确凿的证据，对人工影响天气工作造成了相当大的损害。尽管越来越多的证据表明人工催化可以改变云层的特征及其降水量，但这些结果只是证据，不能充分证明人工影响天气的效果。

学术界通常认为目前的人工影响天气作业并没有给出令人信服的科学证据证明催化作业是有效的，但同时又在声明有充足的证据表明人类活动已经“无意识”地对天气和全球气候(如温室气体影响了全球的温度、人类活动排放的气溶胶影响了云的特性)都造成了影响。事实上，学术界对科学证据的定义非常严格，很难利用这些科学证据对人工影响天气效果进行评估。但是在现实的工作中，也有充分的证据表明，尽管影响的大小难以精确量化，但冬季消雾、人工增雪、人工增雨等作业都是直观有效的。表 1.1 给出了一些主要的人工影响天气方法。

表 1.1 人工影响天气方法汇总

催化剂	催化方法	方法评述	主要出处
AgI、$AgIO_3$	冰相(冷云)催化；催化剂释放方法：飞机、地面燃烧炉、火箭、高炮；催化剂释放强度：每分钟释放 10～100g	催化剂平均尺度为 0.1μm，这些催化剂粒子在暖云中也可以作为云凝结核	Dessens et al，2016
液态 CO_2	冰相(冷云)催化；催化剂释放方法：飞机	温度降至-80℃，进而触发均质核化	Seto et al，2011
干冰(固态 CO_2)	冰相(冷云)催化；催化剂释放方法：飞机	以颗粒形态播撒(直径为 0.6～1cm，或 0.6～2.5cm)	Seto et al，2011
吸湿性烟剂	吸湿性(暖云)催化；催化剂释放方法：飞机	氯化钠、氯化钾，或氯化钙粒子直径为 0.1～10μm	Bruintjes et al，2012
微粒	吸湿性(暖云)催化；催化剂释放方法：飞机	最佳氯化钠晶体尺度为 7.5～10μm	Drofa et al，2013
氯化钠/二氧化钛粒子	吸湿性(暖云)催化	吸收水汽的能力比氯化钠高出约 295 倍	Tai et al，2017
气溶胶和云的电离	导线电晕放电产生的负离子，这些离子附着在大气粒子上，进而可以活化为云凝结核	尚无证据表明这些粒子可以增加降水	Tan et al，2016
云的起电	在特定的条件下云中产生放电将导致冻滴温度升高	尚无研究定量地表明其影响降水的程度	Adzhiev and Kalov，2015
激光导致的凝结	在水汽亚饱和条件下引发凝结	凝结发生在非常小的尺度内，在干燥的大气中把水滴转化为降水的问题并未得到澄清	Leisner et al，2013
降雹或声学大炮	利用乙炔和氧气的混合物产生冲击波增加液滴碰并增长的机会	科学依据尚不清楚	Wieringa and Holleman，2006

1.5 一些典型的人工影响天气效果评估问题

1.5.1 夏季对流云催化

地面加热及复杂的动力与微物理相互作用产生的对流云具有潜在增加降水的机会。对流云催化通常有两种方法，首先是暖云吸湿性催化，通过引入较大的云凝结核，以增加大滴在云底附近形成的机会，进而激发碰并过程；其次是冷云冰晶化催化，在冻结层以上引入冰核，进而激发冰晶过程与混合相过程。

吸湿性粒子是由飞机播撒的尺度为 0.1～10μm 的细颗粒，主要以飞机燃烧烟剂或喷射烟剂的形式播入云中，此外还可通过地面燃烧烟剂或使用火箭及高炮播入云中，对流云中暖云部分的吸湿性催化示意图如图 1.6 所示。这些播撒方式适于冻结层以上厚度超过 1km、云中缺乏大的自然云凝结核，且云底上升气流速度超过 1m/s 的对流云。催化剂粒子比背景粒子通常更大且吸湿性更高，其通过凝结及与其他粒子的碰撞会增长得更快。此外，这种人工云凝结核还具有通过抑制云中的峰值过饱和度，阻止小的或不太可溶的云凝结核核化的“竞争”效应。如果云的高度可以突破凝结层高度，人工云凝结核的作用就可以从液相物理过程延伸至混合相及冰相物理过程。不同国家的一系列试验表明，吸湿性催化剂的催化可以大大增加陆地雷暴的降水(Tessendorf et al.，2012)。

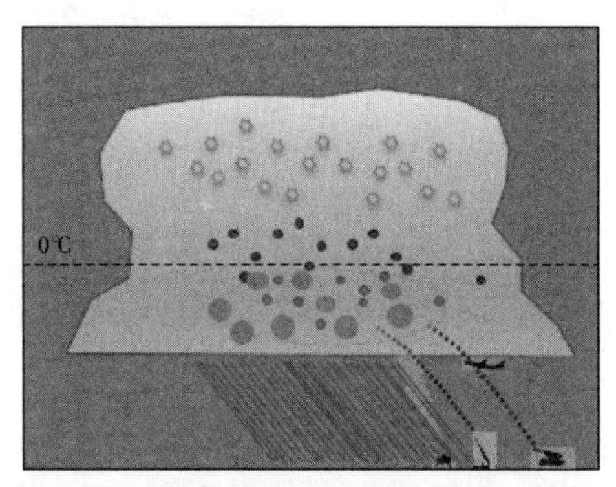

图 1.6　对流云中暖云部分的吸湿性催化示意图(Flossmann and Coauthors，2019)

图中红色区域为催化区域，催化剂由飞机、地面燃烧炉、火箭及高炮播撒入云，

将大的云凝结核引入云中，云滴通过凝结及碰并最终形成降水，同时释放的潜热还将激发对流云

对于冰相催化，如将碘化银与干冰引入云中，从而增加云中的冰核，或通过过冷水冻结释放潜热而增加云的浮力。当冰相粒子引入云中将导致潜热的释放，这便是由“静态”效应向“浮力”的转变，事实上两种效应是同时发生的。图 1.7 为对流云中冷云部分的冰相催化示意图。

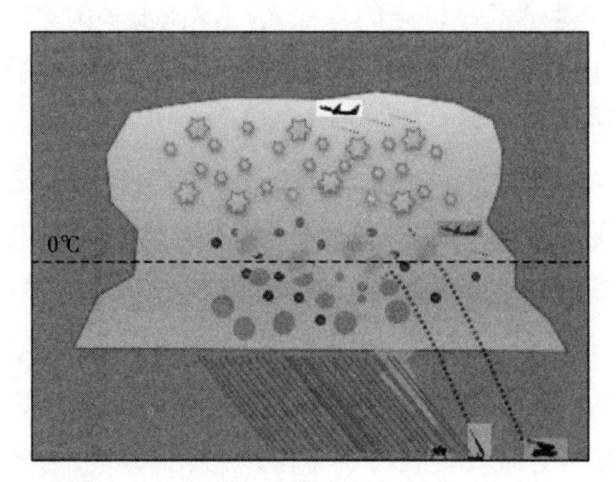

图 1.7　对流云中冷云部分的冰相催化示意图（Flossmann and Coauthors，2019）

图中红色区域为催化区域，催化剂由飞机、地面燃烧炉、火箭及高炮播撒入云，

在冰核播入云后，通过“冰晶效应”、凇附及 0℃线以下的融化释放潜热进而激发对流云

当对于对流云的催化扩展至混合相过程时，云动力、云微物理及云环境(夹卷)之间的相互作用将会越来越复杂。尽管在这些方面已经开展了很多的试验，人们对于从气溶胶粒子到降水的链式物理过程的认识仍然有限。例如，云体的合并将会导致降水，最大云面积、雷达回波顶高度、最大雷达反射率等参数的实际变化及催化对于作业的影响程度，学术界并没有完全掌握(Popov and Sinkevich，2017)。

针对夏季对流云的催化研究，为较为简单的云系统微物理变化提供了明确的证据，由统计结果可知，在一些催化试验中降水量是明显增加了。然而，经过近半个多世纪的催化试验，催化作业仍然存在许多问题，而且由于所涉及的云中物理过程十分复杂，人们对其理解相对有限，加之催化试验设计不足，以及政策、科学认知与资金等方面的限制，使得人工影响天气效果评估研究进展缓慢，仍有一些问题需要解决。

(1)单体催化的试验结果是否可以复制至更大、更复杂的风暴系统，进而分析对整个区域的降水影响？

(2)在强上升气流的过冷水区域中，冰相粒子的形成与可以消耗液水的大霰粒子发展之间有着怎样的联系？

(3)云中高冰晶浓度及催化后产生的冰晶与地面如何形成更多降水之间是怎样的关系？

(4)在催化作业后，云中的动力及微物理过程之间是如何相互作用的？

(5)在监测中，业务雷达有着怎样的局限性？

在夏季对于对流云中冷云部分的催化试验效果评估中，雷达及卫星资料的应用是较为重要的，恰当的催化可以收到良好的效果，同时被催化的系统的生命期也得以延长(Rosenfeld and Woodley，1989)。

1.5.2 冬季地形云催化

冬季地形云催化一向是学术界讨论的重点之一，在很多国家都已作为人工影响天气业务在广泛开展。使用先进的计算方法和观测设备(包括功能强大的模式和观测网络)进行催化试验可以大大提高对于冬季地形云催化及降水物理过程的认识，学者们达成的共识如下：

(1)地形与流场之间存在复杂的相互作用，这种作用会影响云中液态水的分布，特别是使云中存在一层过冷液水，通过微波辐射计的观测已经证实了这一点；

(2)在地形云催化作业中聚焦催化剂的播撒过程，需考虑在复杂流场中，尤其是山脊顶部以下和明显地形与山脊平行的气流中催化剂的播撒状态；

(3)地形云催化过程表明，增加冰相粒子浓度进而通过冷水的供给最终增加降水；

(4)在地形云催化过程中需要研制可高效形成碘化银冰核的催化剂及其他可快速高效成核的催化剂载具；

(5)在效果检验中需要发展在积雪及降水中检验催化剂的方法。

在地形云催化试验中，应当利用机载、遥感和目标区域内外的微量化学技术进行催化过程的效果检验。在确定了数值模式可用性的前提条件下，应使用模式模拟指导地面和飞机催化最佳位置和时间(这也是数值检验工作中的重点之一)。这项工作还应包括对降水、径流、补给及地下水含水层的评估，包括对水质、雪崩、水流、濒危物种等环境影响的评估。

Tessendorf 等(2019)总结了冬季地形云催化的进展。对于冬季地形云而言，降水主要是受局地地形以及湿空气越过地形在接近冻结层时产生的过冷液水等的影响。地形云催化的基本假设是在地形产生过冷水中引入人工冰核(通常为碘化银)以激发在相对较暖的环境(-5℃)条件下产生冰相粒子，这些粒子其后通过凝华及碰撞增长，进而导致山脊附近降水的增加。这种冷云催化的假设已经被观测及数值模拟所证实(French et al.，2018)。通过比较催化与未催化时的雷达观测资料可以确定催化效果。French 等(2018)给出了利用飞机释放碘化银对冬季地形云催化的两种方法：①飞机在催化有效的高度飞行，人工冰核通过丙酮燃烧器或机载燃烧器水平播撒入云；②飞机在包含有过冷水的高度及该高度之上喷射催化剂烟剂，该方法适于山区，但是如果飞机飞行高度过高，烟剂可能在降至最佳高度之前就已经燃尽了。此外，催化剂也可以通过地面催化装置播撒入云，这些装置主要包括：地面燃烧炉、高炮及火箭等，地面催化的主要挑战是如何确保催化剂到达云中适当的催化高度，具体催化实施如图 1.8 所示。

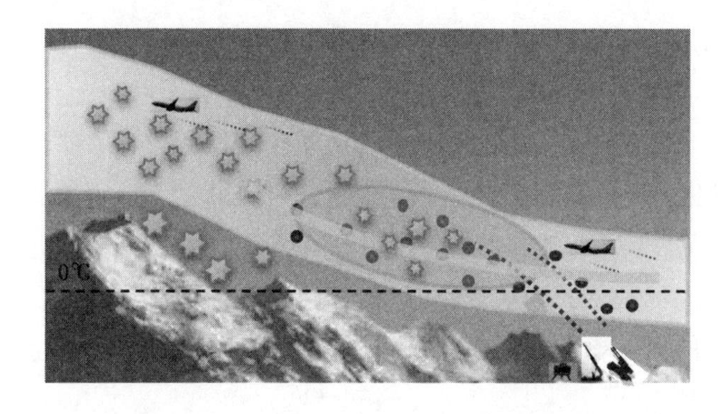

图 1.8　冬季地形催化示意图（Flossmann and Coauthors，2019）

图中红色区域为过冷催化区域，催化剂粒子飞机、地面燃烧炉、火箭及高炮释放；

冰核引入云中生成冰晶，进而凇附过冷水后生成雪，与此同时释放的潜热进一步激发了云的发展

1.5.3　人工消雹作业催化

人工消雹作业的前提是对冰雹增长理论的了解，其中包含如下要素：

(1)雹胚的形成过程(包括粒子增长的微物理过程，及其在天气系统中所处的位置)；

(2)雹胚传输至富含过冷液水的区域(将有助于冰雹的生长)；

(3)冰雹经过系统的强上升气流区的生长路径；

(4)冰相粒子的核化、降水的形成、云底温度、环境风切变、上升气流的强度及宽度等。

数值模式是检验冰雹生长理论的重要工具，这为分析冰雹增长和液态水消耗提供了一个

接近真实的环境。学术界对于人工消雹作业的效果评估已给出了很多正面的回应(Dessens et al.，2016)，并已建立了相应的人工消雹的概念模型，这有助于接下来的人工消雹工作。

人工影响天气试验的实施需要很多准备条件，如试验统计方法的设计、云与降水的监测技术、云与降水的物理机制，以及可靠的数值模式等。由于天气系统通常为一个整体，其中通过人工影响天气作业增加一部分降水量，意味着其他部分降水量则会减小；如通过人工影响天气作业使天气系统中对流加强，而相邻区域的水汽则会减少(Cho and List，1980)。增加降水的作业不仅是为了提高云的降水效率进而增加更多的降水，也是为了促进降水部分及整体的循环，因此这些准备条件不仅对于催化作业十分必要，对于效果检验也至关重要。

事实上由于天气过程是极为复杂的系统，且在空间及时间上均存在明显的自然变化，因此客观地进行人工影响天气的效果评估是一件十分困难的工作。

就目前的研究现状而言，人工影响天气效果评估仍面临着巨大的挑战，这主要包括以下三个研究方向的发展状态，即人工影响天气效果评估所需的试验设计统计物理方法的成熟度、人工影响天气效果评估的测试技术合理性，以及人工影响天气效果评估方案设计的科学性。

1.5.4 人工消雾作业催化

在人工影响天气作业中，人工消雾虽然比人工增加降水及人工消雹开展得少，但是由于的现实需求，其依然是十分重要的工作：一方面可以通过人工消雾改善道路、机场及船舶航道的能见度；另一方面，在缺少淡水的山区、沙漠、戈壁或海岸区域，还可以将雾通过人为的影响转变为可利用的淡水资源。

通常消雾的目的旨在增加视程 VIS(Zuev，1974)，其可由下式表示：

$$\mathrm{VIS}=\frac{\ln\varepsilon}{\beta} \tag{1.1}$$

式中，ε 为对比度阈值，一般取 0.02。如果雾滴为球形，则消光系数 β 可由下式表示：

$$\beta=\int_0^\infty \pi r^2 K(\rho) f(r)\mathrm{d}r \tag{1.2}$$

$$K(\rho)=2-\frac{8n^2\sin\left[2\rho(n-1)\right]}{\rho(n+1)^2(n-1)} \tag{1.3}$$

$$\rho=\frac{2\pi r}{\lambda} \tag{1.4}$$

式中，r 为雾滴的半径；$f(r)$ 为雾滴谱分布函数；n=1.33 为水的折射指数；λ 为散射光的波长；ρ 为尺度数(Zuev，1974)。

在人工消雾中所采取的人为的影响方法，其核心涉及自然云雾滴的碰撞，而滴之间的碰撞条件是滴尺度分布必须包含一定浓度的半径为 20～25 μm 的液滴(Pruppacher and

Klett，1997）。半径较小的液滴的碰撞效率太低，由于扩散(凝结)液滴的生长过程相当缓慢，液滴达到足以引发碰撞的尺度所需的时间往往很长。因此尺度较小的液滴会被强上升气流输送到对流层较高的区域，进而冻结成小冰晶；由于液滴会扩散到很大一个区域，因而很少有机会直接降落至地面。

雾的能见度是由高浓度的小液滴(5～10μm)所决定的，通过激发小液滴之间的碰撞，形成具有较大下落末速度的较大的液滴，在减小液滴浓度的同时消雾进而增加能见度。通常雾中的过饱和度较低，这使得液滴在发生扩散增长时速度很慢，从而也迟滞了液滴之间的碰撞；而对雾的人工影响中核心的方法便是液滴之间的碰撞。

吸湿性催化目前在人工影响天气中已经广为实施，主要是通过增加大液滴的浓度，增加液滴之间的碰撞效率。催化时使用可溶性催化剂充当大的云凝结核，液滴在大的云凝结核上增长得比自然液滴大，进而可以激发云雾低层中粒子的碰撞。

现有吸湿性催化有许多缺点，当颗粒物质被作为催化剂时，它们的吸湿性即使在低湿度条件下也会使其在存储时造成板结；这种催化剂性状的缺陷导致各尺度颗粒物的产生质量下降，通常使得尺度过大，大约会超过期望值 1～10μm。尽管大尺度的吸湿性粒子可以产生的液滴也较大，但是这样的粒子对于飞机运输而言过重，也不易向云中提供理想的浓度量。吸湿性粒子也可以通过烟剂燃烧播撒入云雾中(Silverman and Sukarnjanaset，2000)。

吸湿性粒子主要是可以针对暖雾进行催化，通过大粒子吸收水汽，从而减小湿度。如果催化用盐粒子质量足够大，空气湿度会被降低，并导致小雾滴被蒸发(与此同时，吸湿性粒子会增长)。这种消雾方法的效率并不高，将高浓度的大吸湿性粒子引入雾中只降低了不到 10%的雾滴浓度，短时间后吸湿性粒子中的水分含量增加，进而会失去吸收水汽的能力。吸湿性催化并不是唯一以大凝结核产生大液滴增加碰并效率的方法。

众所周知，对于云雾滴而言，还存在明显的静电效应，其在云物理中有着重要的作用(Tinsley et al.，2001)，云雾滴可以通过不同的机制产生荷电，如离子扩散、对流起电、热电效应、接触电位效应等非感应起电及感应起电机制。DuBard 等(1983)曾对半径为 1 μm 的气溶胶粒子利用自由电子产生超过 10^3 个的基本电荷量，这已经接近极大值。Grover 和 Beard(1975)研究了雾滴电荷对气溶胶清除和大气净化的影响，并计算了半径为 42～142 μm 与 0.4～4.0 μm 小粒子的碰撞效率，结果表明当粒子荷电量大于 7×10^4 个基本电荷(电子)量，而小粒子荷有相反极性的电荷时，粒子间的碰撞效率明显增加。以荷电的粒子进行催化，从而增加液滴之间的碰并效率，可以作为消雾的有效手段。

液滴之间的静电力 F_{el} 可由下式表示(Khain et al.，2004)：

$$F_{el} \approx \frac{Q_1 Q_2}{4\pi\varepsilon_0 R^2} + \frac{1}{4\pi\varepsilon_0}\left\{ Q_1^2 r_2 \left[\frac{1}{R^3} - \frac{R}{\left(R^2 - r_2^2\right)^2}\right] + Q_2^2 r_1 \left[\frac{1}{R^3} - \frac{R}{\left(R^2 - r_1^2\right)^2}\right] \right.$$
$$\left. + Q_1 Q_2 r_1 r_2 \left[\frac{1}{R^4} + \frac{R}{\left(R^2 - r_1^2 - r_2^2\right)^2} - \frac{1}{\left(R^2 - r_1^2\right)^2} - \frac{1}{\left(R^2 - r_2^2\right)^2}\right]\right\} \tag{1.5}$$

式中，Q_1与Q_2为两个导电绝缘球体(液滴)所荷的电荷，其半径分别为r_1与r_2；球体之间的距离为R；$\varepsilon_0 = 8.854\times10^{-12}\,\mathrm{Fm}^{-12}$为自由空间的介电常数；公式中右边第一项为库仑力，第二项为点电荷与偶极子之间的相互作用，最后一项为感应镜像电荷之间的相互作用。

荷电液滴的碰撞由液滴之间的碰撞效率所决定，其由碰撞截面积S_c与几何截面积$S_g = \pi(r_1 + r_2)^2$之比确定，由于可能存在纯粹的重力碰撞，实际的碰撞效率要比这个比值更低，但是如果是碰撞的液滴有电荷，碰撞效率则会超过该值。

液滴之间的相互作用可通过叠加方法进行分析(Pruppacher and Klett，1997)，该方法假设每个液滴在由其对应液滴单独运动引起的流场中运动。在考虑了静电力后则两个液滴的运动方程分别为

$$\frac{\mathrm{d}\vec{V}_1}{\mathrm{d}t} = -\frac{1}{\tau_1}\left(\vec{V}_1 - V_{1t}\vec{e}_z - \vec{u}_2\right) + \frac{\vec{F}_{\mathrm{el}}}{m_1} \tag{1.6}$$

$$\frac{\mathrm{d}\vec{x}_1}{\mathrm{d}t} = \vec{V}_1 \tag{1.6}$$

$$\frac{\mathrm{d}\vec{V}_2}{\mathrm{d}t} = -\frac{1}{\tau_2}\left(\vec{V}_2 - \vec{V}_{2t}\vec{e}_z - \vec{u}_1\right) + \frac{\vec{F}_{\mathrm{el}}}{m_2} \tag{1.6}$$

$$\frac{\mathrm{d}\vec{x}_2}{\mathrm{d}t} = \vec{V}_2 \tag{1.6}$$

式中，m_1与m_2分别为两个液滴的质量；$\vec{V}_1$和$\vec{V}_2$分别为液滴 1 和液滴 2 的速度；$\vec{V}_{1t}$和$\vec{V}_{2t}$分别为液滴 1 和液滴 2 在静止大气中的下落末速度；$\vec{e}_z$为单位矢量(方向向下)；τ_1与τ_2分别为两个液滴的特征松弛时间；$\vec{u}_1$和$\vec{u}_2$分别为液滴 1 和液滴 2 引起的扰动速度；$\vec{x}_1$和$\vec{x}_2$分别为液滴 1 和液滴 2 的坐标矢量。

此外，在空中利用不同的技术可以较好地抑制过冷雾，其中使用较多的催化剂为干冰和液态丙烷。通过飞机播撒催化剂消雾具有可以从不同方向以不同速度催化的便利性，其不受地面各类因素的影响。

人工消雾与其他类型的人工影响天气作业不同，其更具对时效性与性价比的要求，因此在现实的业务实施时，通常都是时间紧迫且需确保见效，催化方法则力求简便易行。其效果评估中也就更加侧重统计评估与物理评估方法，当然临近作业的模式评估对于作业试验的设计与规划也是十分重要的。

1.6 人工影响天气效果评估的基本要求

人工影响天气效果评估的实施有着基本的要求，且应主要注意以下各点：

(1)尽量减少人为的因素对于效果评估的影响；

(2)观测中所用的评估资料要尽可能准确，特别是对反演资料要尽可能与直接观测资料进行对比印证(如雷达反演的降水量应与雨量计观测的结果进行比较)；

(3)效果评估不仅只聚焦于单个云体，更应当聚焦于某一个区域内的天气系统；

(4)通过对固定或移动的未受污染的控制区域进行客观识别，以弥补效果评估中随机缺失的情况；

(5)对于目标区范围及其下风方向区域的所有催化影响过程都应当仔细分析；

(6)催化试验应当考虑“选择偏差”与白天对流环流之间的相互作用；

(7)需提供催化试验数据的汇集，以便在各种有意义的气象分区内对人工影响天气效果进行总体评估。

1.7　人工影响天气作业效果评估方法概述

人工影响天气效果需要被科学地“证实”，即人工影响天气效果评估，通常效果评估的依据包括两个方面，即统计依据及物理依据。

统计依据是根据催化概念模型通过试验得到的，这可以在适当的统计显著性和检测能力的水平上排除那些无效的假设，使得统计评估能够以尽可能公正的方式进行检测。正如催化概念模型所规定的，在响应变量(催化信号)的变化中，通常比其自然变异性小。

物理依据是对与催化概念模型相关事件链中关键环节进行测量得到的，旨在建立物理的合理性，从而证明催化作业的效果。物理依据在于建立催化效果与相应物理变量之间的因果关系，物理依据通常是通过个例进行研究，分析催化和未催化云与催化概念模型相关的一系列响应变量，催化云可以依统计试验设计的那样进行挑选或者设定。作为物理依据的物理变量，要能够被测量并辨识催化产生的变化。物理依据需由催化概念模型确认其有效性，以便为其他地区同类型的催化作业效果评估提供指导。催化概念模型可以用来确定催化实施策略、催化条件以及催化效果等。

由统计依据及物理依据形成的人工影响天气效果评估方法则分别为统计评估方法及物理评估方法。

早期的人工影响天气效果评估的统计试验主要是将在地面测量的降水量作为相应变量，而物理试验并未包含于其中(Ryan and King，1997)。催化作业中的物理链式过程通常是被看作是一个“黑箱”，因而很难解释其中的物理现象，如在以色列实施的催化试验就是典型的“黑箱”试验(Gagin and Neumann，1974)。虽然物理研究不是基本概念统计检验的组成部分，但它们有助于解释统计结果，并使物理概念有更加坚实的科学基础。纯黑“黑箱”物理评估的主要好处在于它提供了必要的信息，以确定播种概念模型是否按假设工作，如果不是，还提供了它的不同之处和原因。试验的问题在于，如果假设的物理反应链中只存在一个薄弱环节，那么在我们不知道哪一个环节是薄弱环节的情况下，所有的环节就都会失去可靠性，如果已经获得了与催化作业概念模型相关的物理事件链中关键环节的测量值，那么就有可能发现问题，并改变策略和试验设计，以克服弱点(Cotton，1986)。

物理评估的主要好处在于可为确定催化概念模型的正确与否，以及如何改进或优化催化方法提供必要的信息，此外，它也提供了确定催化方法用于其他区域所需的必要信息。

然而，物理评估也并非没有缺陷，在改变催化方法以优化响应链中间环节的相应监测手段时，会对如地面降水的监测带来不利的影响。

分析过去试验可能存在的问题是非常重要的，这些可能是统计设计、概念模型以及相关的预期响应等带来的问题，也可能是催化方法及催化剂带来的问题，或者是统计或评估方法带来的问题，亦或是试验中缺乏相应的工具等带来的问题。此外，在一个区域建立的催化概念模型与催化方法不能简单地照搬到其他区域去。

就统计设计及方法而言，还必须考虑适当的方法及其检测响应催化的统计显著性变化的能力。此外，为了确定试验的时间而获得统计的显著性意义，需分析统计方法的能力(Gabriel，1999)。

在实际的人工影响天气作业中，除了有与实时监测密切相关的统计评估及物理评估，还有模式评估，模式评估中涉及的模式通常包括中尺度模式及云模式。统计评估和物理评估方法主要是在人工影响天气作业后实施，而模式评估可以在作业前就实施。

数值模式几乎可以讨论人工影响天气作业中的所有问题，从分析云和降水的物理机制、检验人工影响天气的概念模型，到人工影响天气效果评估，再到资料同化及各尺度的参数化过程，数值模式都能进行有针对性地分析。众所周知，数值模式是根据物理过程建立的，若非如此，模式就缺少了存在的意义，当然这里并不包含没有物理机制的经验模式。

所有的模式都涉及较小次网格的参数化，这样使得在模拟时无须对每个水分子、气溶胶粒子、云滴、降水粒子群或云过程进行具体地模拟，不仅在中小尺度数值模拟时可以这样处理，即便是在气候及地球系统模拟时也同样可以这样处理。理想的参数方法虽然宽泛，但可准确地描述物理现象的本质。在云物理学中最有代表性的参数化方法是降水形成的“Kessler 参数化”，其是依据液水含量阈值及不同的水成物粒子转化率建立的，该方法是 Kessler 于 1969 年提出的，随后 Kessler 将其做了定量化的处理(Kessler，1969)。模式的参数化水平可以通过观测及概念模型的设置而得到提高。

对于数值模式而言，首先是要能够准确地预报，若能如此，则说明在给定的环境中给定过程的物理机制是可以合理解析的，尽管大多数的数值模式对于降水“定时定点”预报的准确率不会超过 10%～20%，但是对天气形势及云类型等的准确预报对于人工影响催化作业还是十分有利的；其次在此基础上，数值模式可以对人工影响天气效果进行评估。

在人工影响天气作业中通常用到的模式包括中尺度模式及云模式。中尺度模式与云模式都充分地考虑了较为详细的云中微物理过程，其中主要包括凝结核分布特征、凝结核核化过程、水成物粒子的相互转化过程，以及催化剂催化实施过程。中尺度模式同时还关注中尺度以内小尺度的各个单体之间的动力及微物理过程之间的相互作用。

人工影响天气作业中数值评估首先是对催化能力的评估。在所有的作业之前，首先需要对试验设计及其相关的假设进行测试与评估，特别是评估催化云的类型、催化剂种类、催化强度、剂量、催化时间以及云相应的演变时间等。

从以天为单位的催化到对整个系统中单个云的催化都特别需要利用中尺度模式研究

云与云之间的相互作用。通过这样的研究也较易在催化的目标区及非催化的控制区之间建立相应的联系，进而优化催化方案，特别是要在一次的催化过程中尽可能设计出较多的目标区及控制区，这样可以提高催化效率。

模式还能够检验催化一个天气系统中的单体时是否会增加或减少整个系统的降水。特别是通过模式模拟还能够澄清人工影响天气催化作业中的“拆东墙补西墙”的问题。

1.8　人工影响天气效果评估中使用的资料分类

通常人工影响天气作业并非针对所有类型的过程或者云都可以实施，但是随着对云和降水过程的不断深入了解，催化作业的针对性也会不断增强。资料分类将会促进人工影响天气效果评估工作(特别是统计评估工作)的开展。

目前普遍开展的人工影响天气作业主要包括人工增加降雨(雪)、人工防雹及人工消雾等工作。首先，资料的分类是可以按照人工影响天气作业类型、天气特征以及作业过程中降水产生的平均降水量与区域降水量、冰雹谱分布及雾滴谱等进行划分；其次，可以按照观测系统记录的降水量的量级、冰雹尺度及消雾过程能见度等进行划分。划分中依据的天气类型包括锋面(冷、暖、静止、锢囚)、飑线、对流系统、低值系统以及基本层结条件等。对人工增加降水而言，存在三种主要的降水类型，分别为持续性降水、阵雨，以及对流性降水；对人工防雹而言，三种主要的雹暴类型分别为单体雹暴、超级单体雹暴及多单体雹暴；对人工消雾而言，五种雾分别为辐射雾、平流雾、蒸汽雾、上坡雾及锋面雾，有时按照温度只简单地分为冷雾与暖雾。

通过对资料进行分类，一方面可以提高人工影响天气效果评估工作的效率，另一方面可以使得人工影响天气效果评估更具科学性和针对性，进而使得该工作更加客观严谨。

1.9　人工影响天气效果评估试验设计

由于人工影响天气效果评估强调的是科学性及客观性，因此为了有效地开展人工影响天气效果评估工作，需要对效果评估试验进行严谨的设计，其中一些主要的效果评估试验设计如下所述。

(1)随机试验。只设置单一催化(或目标)区，将催化日资料作为目标资料，而将非催化日资料作为控制资料，进行对比检验。

(2)历史随机检验。随机选择催化日在单一目标区进行作业，并将历史非催化日资料作为控制资料，进行对比检验。

(3)连续历史检验。在给定的资料类型中，对所有的降水日均进行催化，并将历史非催化日资料作为控制资料，进行对比检验。

(4)交叉检验。随机选择催化的目标区以及控制区，并随机交换目标区与控制区；为了避免催化污染，交叉试验中需要设置缓冲区。

(5)目标控制试验。对于固定的目标区在所有具有催化潜力的降水日均进行催化，并在固定目标区的附近设置固定的控制区。所有涉及历史资料的试验设计均会涉及地面观测网络密度在试验阶段与对比历史阶段存在较大差异的问题。在统计检验中，“随机”是重要的理论基础，旨在进行无偏差的催化效果评估。

已有的研究结果表明，利用地面观测资料交叉检验比其他的统计检验可以更快地给出作业效果，因此在效果检验的试验设计中，交叉检验是较为理想的设计方案。尽管如此，在具体应用时，不同区域的降水分布及天气系统有较大的差异，因此也会使得该方法在应用中存在一定的困难，特别是在分析中尺度系统时，其与大尺度系统存在一定的相互作用，进而会使催化过程变得复杂而“不纯净”，而且该问题在作业中也是较难以克服的。

如果这种“不纯净”问题变得过于尖锐，就需要有针对性地解决。首先，需要使用随机试验设计。通常在试验期间观测网络的密度比历史资料记录时段的要大，但在目标区及控制区都需要有一些观测时段相对较长的观测站点，进而除了在试验期间可以进行随机试验催化日与非催化日资料的比较，试验期间的非催化日资料还可与历史记录进行相应的比较检验；其次，对于历史资料的分析，还可以将历史变化趋势分离出去；再次，即使试验没有按照顺序依次实施，但是检验仍需要按照顺序依次实施，因此利用更多的检验方法可以相应地减少分析样本的总量。

1.10 小　结

人工影响天气效果评估研究经历了近半个多世纪的“实验-理论-试验-理论-试验”探索的发展过程。虽然随着现代大气探测水平的提高、天气预报能力的飞跃，人工影响天气不仅在作业条件获取及作业时机的把握方面都已经有了长足的进步，而且作业手段日趋多元化，同时新的作业方法也不断涌现，但是，人工影响天气效果评估研究尚不尽如人意，还有很长的路要走。本章在对自然云系统及其变化进行介绍的基础上，对人工影响天气发展趋势、人工影响天气效果评估研究进展、一些典型的人工影响天气效果评估问题、人工影响天气效果评估的基本要求、人工影响天气作业效果评估方法概述、人工影响天气效果评估中使用的资料分类，以及人工影响天气效果评估试验设计进行了系统的介绍。

参考文献

Adzhiev A K, Kalov R K, 2015.Studying the Influence of Electric Charges and Fields on the Efficiency of Ice Formation with Silver Iodide Particles[M].Moscow:Central Aerological Observatory.

Bruintjes R T, Salazar V,Semeniuk T A, et al., 2012.Evaluation of hygroscopic cloud seeding flares[J]. The Journal of Weather Modification,44(1):69-94.

Changnon S A,Lambright W H,1990. Experimentation involving controversial scientific and technological issues: Weather modification as a case illustration[J]. Bull. Amer. Me- teor. Soc., 71:334-344.

Cho H R,List R,1980.Cloud mean flow interactions and their implications for weather modification[C]. Third WMO Scientific Conf on Weather Modification:3-8.

Cotton W R,1986.Testing, implementation, and evolution of seeding concepts—a review[J]. Rainfall Enhancement—a Scientific Challange, 43:139-149.

Dessens J,Sánchez J L,Berthet C,et al.,2016.Hail prevention by ground-based silver iodide generators: Results of historical and modern field projects[J]. Atmospheric Research, 170:98-111.

Drofa A S,Erankov V G,Ivanov V N,et al.,2013.Experimental investigations of the effect of cloud-medium modification by salt powders[J]. Izvestiya, Atmospheric and Oceanic Physics, 49(3):298-306.

DuBard J L,McDonald J R,Sparks L E,1983.First measurement of aerosol particle charging by free electrons—a preliminary report[J]. J. Aerosol Sci., 14:5-10.

Flossmann A I,Coauthors, 2019.Review of advances in precipitation enhancement research[J]. Bulletin of the American Meteorological Society.

Flossmann A I, Wobrock W, 2010.A review of our understanding of the aerosol - cloud interaction from the perspective of a bin resolved cloud scale modelling[J]. Atmospheric Research, 97(4):478-497.

Field P R,Lawson R P,Brown P R A,et al., 2017.Secondary ice production: Current state of the science and recommendations for the future[J]. Meteorological Monographs, 58(7):1-20.

French J R,Friedrich K,Tessendorf S A,et al.,2018.Precipitation formation from orographic cloud seeding[J]. Proceedings of the National Academy of Sciences of the United States of America,22.

Gabriel K R,1999.Ratio statistics for randomized experiments in precipitation stimulation[J]. J. Appl Meteor., 38:290-301.

Gagin A,Neumann J,1974.Rain stimulation and cloud physics in Israel[J]. Climate and Weather Modification:454-494.

Grover S N,Beard K V,1975.A numerical determination of the efficiency with which electrically charged cloud drops and small raindrops collide with electrically charged spherical particles of various densities[J]. J. Atmos. Sci., 32:2156-2165.

Houze R A,1993.Cloud Dynamics[M].Pittsburgh:Academic Press.

Johnson D B,1987.On the relative efficiency of coalescence and riming[J]. J. Atmos. Sci., 44:1672-1680.

Kessler E,1969. On the distribution and continuity of water substance in atmospheric circulations[J]. Meteor. Monogr., Amer. Meteor. Soc.,32:84.

Khain A,Arkhipov V,Pinsky M,2004.Rain enhancement and fog elimination by seeding with charged droplets. part i: Theory and numerical simulations[J]. Journal of Applied Meteorology and Climatology, 43: 1513-1529.

Leisner T,Duft D,Möhle O,et al.,2013.Laserinduced plasma cloud interaction and ice multiplication under cirrus cloud conditions[J]. Proceedings of the National Academy of Sciences of the United States of America, 110(25): 10106-10110.

Popov V B,Sinkevich A A,2017.Investigation of Cu merger in the north-west of Russia[J].Trudy MGO:39-55.

Pruppacher H R,Klett J D,1978.Microphysics of Clouds and Precipitation[M]. Berlin：Springer.

Pruppacher H R,Klett J D,1997.Microphysics of Clouds and Precipitation: With an Introduction to Cloud Chemistry and Cloud Electricity[M]. 2nd ed. Amsterdam：Kluwer Academic Publishers.

Rosenfeld D,Woodley W L,1989.Effects of cloud seeding in west Texas[J]. J. Appl. Meteor., 28:1050-1080.

Ryan B F,King W D,1997.A critical review of the Australian experience in cloud seeding[J]. Bull Amer. Meteor. Soc., 78:239-354.

Schaefer V J,1953. Final Report, Project Cirrus, Part1, Laboratory, Field, and Flight Experiments[M]. Schenectady: General Electric

Research Laboratories.

Seto J,Tomine K,Wakimizu K,et al.,2011.Artificial cloud seeding using liquid carbon dioxide: Comparison of experimental data and numerical analyses[J]. Journal of Applied Meteorology and Climatology, 50(7):1417-1431.

Silverman B A,Sukarnjanaset W,2000.Results of the Thailand warm-cloud hygroscopic particle seeding experiment[J]. J. Appl. Meteor., 39:1160-1175.

Tai Y,Liang H,Zaki A,et al.,2017.Core/shell microstructure induced synergistic effect for efficient water-droplet formation and cloud-seeding application[J]. ACS Nano, 11(12):12318-12325.

Tan X,Qiu Y,Yang Y,et al.,2016.Enhanced growth of single droplet by control of equivalent charge on droplet[J].IEEE Transactions on Plasma Science, 44 (11): 2724-2728.

Tessendorf S A,Bruintjes R T,Weeks C,et al., 2012.The Queensland cloud seeding research program[J]. Bulletin of the American Meteorological Society, 93:74-90.

Tessendorf S,French J R,Friedrich K,et al.,2019.Transformational approach to winterorographic weather modification research: The SNOWIE Project[J]. Bull. Amer. Meteor. Soc.:71-92.

Tinsley B A,Rohrbauch R P,Hei M,2001.Electroscavenging in clouds with broad droplet size distributions and weak electrification[J]. Atmos. Res.:59-60, 115-135.

Twomey S,1977.The influence of pollution on the shortwave albedo of clouds[J]. Journal of the Atmospheric Sciences, 34(7):1149-1152.

Vali G,DeMott P J,Mȯhle O,et al.,2015.Technical note: A proposal for ice nucleation terminology[J]. Atmospheric Chemistry and Physics, 15:10263-10270.

Wallace J M,Hobbs P V,2005.An Introductory Survey of Atmospheric Science[M].Pittsburgh:Academic Press.

Wieringa J,Holleman I,2006.If cannons cannot fight hail, what else[J]. Meteorologische Zeitschrift, 15(6):659-669.

Zuev V E,1974.Propagation of Visible and Infrared Radiation in the Atmosphere (translated from Russian 'Sovetskoe Radio' Moscow, 1970) [M]. Jerusalem: Soviet Translations.

第2章　人工影响天气效果统计评估方法

在人工影响天气工作中，一个困扰人们的问题就是效果评估。人工影响天气效果评估通常分为统计评估、物理评估及模式评估，其中，统计评估开展得最为广泛，进而形成了较为系统的算法。统计评估算法中使用的参量主要是通过合理设计的观测试验，有针对性地观测获取的。观测主要针对天气背景、地面降水、云动力及云微物理过程等。

2.1　对于云和降水的观测

近几十年来，对于云和降水的观测技术已经有了长足的发展，特别是地基、空基、天基观测技术，在与人工影响天气相关的云物理过程的观测中起到了十分重要的作用。

2.1.1　天气背景观测

云系统的发展受制于天气背景，也决定着云系统何时最适于被催化。对于天气背景的日常分析与预测虽然为作业催化提供了必要的条件，但是在具体的人工影响天气作业时还需补充更多的高空探测信息，这些探测信息(温度、湿度、风廓线)可由微波辐射计及风廓线雷达等获取。

2.1.2　地面降水观测

云和降水存在较高的时空变化率，特别是对流天气系统尤为如此，因此对于云和降水的准确观测是一项极富挑战的工作。在区域降水观测中，地面雨量计的观测最为准确。

降水的测量误差随积分时间的减小而增加(Villarini et al.，2008)，通常与人工影响作业相关的降水观测时段为若干小时。降水测量的不确定性是人工影响天气作业效果评估中必须考虑的因素。当降水以雪的形式降下时，测量的不确定性会进一步增加。Rasmussen等(2012)总结了当前的降雪测量技术，指出强风及湍流降水极大地影响降雪的测量。基准双栅栏比对参照风挡在偏远的站点是较为可行的，因此了解次优但实用的技术的不确定性是至关重要的。对于固态降水的测量而言，更加有效的风挡及更加准确的误差校准可提高测量的准确性。

雷达观测可用于大面积的降水量反演，特别是在地形复杂区域，优势更加突出。在人们不断减小雷达反射率测量不确定性的同时，双偏振雷达用于降水量反演的工作也取得了长足的进步(Brandes et al.，2002)，双偏振雷达获取的云中水成物粒子相态与形状等可以更加准确地反演降水。Krajewski 等(2010)总结了雷达反演降水的进展，指出雷达反演与地面雨量计直接观测之间的误差已减少了 21%，而且当对雷达反演方法进行误差订正后，二者的差异还将大为减少。事实上，人们尚不能完全消除雷达反演降水时存在的综合误差。

有鉴于此，对于降水的测量，特别是对于对流系统降水的测量，学术界更倾向于利用雨量计、雷达以及卫星等遥感设备进行综合观测。

2.1.3 云动力观测

在过去的很长一段时间内，学者们主要是通过雷达的反射率来研究云的发生与发展过程，随着多普勒雷达与双偏振雷达探测能力的不断提高，学术界对于云动力的了解不断加深。Pokharel 等 (2014)指出催化引起的云结构的变化可以通过飞机结合地面雷达的观测而得到。X 波段车载多普勒双偏振雷达与 K 波段微雨雷达可用于催化及非催化条件下山地云系统的综合观测，而相控阵雷达可用于获取 10s 内云的三维信息(Kurdzo et al.，2017)。在观测中，雷达是新一代地球静止轨道卫星的有力补充，卫星可提供云结构和微物理信息，这可为云催化作业提供有效的决策支持，卫星分辨率约为 1km，大约有 16 个观测通道，扫描间隔为 10min(Schmit et al.，2017)。

2.1.4 云微物理观测

云中降水的出现涉及云微物理的变化，需要有针对性地开展综合系统观测，从而获取从气溶胶到地面降水的整个链式过程的详情。云催化需引入人工云凝结核与冰核，因此在催化及非催化区域监测气溶胶粒子的特性十分必要，在飞机上利用粒子的光学及电迁移特性可监测其尺度分布(Wang et al.，2012)。由于冰核的监测较为困难，因此实验室研究是冰核识别及其增殖过程的必不可少的重要补充手段。

人工影响降水演变涉及过冷液水向冰相粒子转变的过程，因此详细的对过冷液水进行的监测对于云催化研究至关重要，总的液水含量通常可由微波辐射计进行测量。机载与地基雷达或激光雷达可以监测催化及非催化条件下的云微物理变化特征，但是在云中直接对水成物粒子的监测也十分必要。由于云中水成物粒子的尺度、形状及浓度等变化范围很大，因此有效的详细监测较为困难的。前向散射及粒子成像探头可用于云中对于尺度在 2～10000μm 的云滴、冰相粒子及雨滴的直接监测。在降水的形成过程中尤其需要对大粒子进行监测，特别是以吸湿性催化剂催化时，由于大粒子的重要作用，更需要进行详细的监测。Baumgardner 等(2017)则指出了冰相粒子散射对于监测设备的影响，特别是小粒子在测量时可引起明显的误差，尽管如此，机载探测设备仍然是最为重要的云观测设备之一。

由于天气过程的空间及时间差异都十分明显(如降水分布通常是不均匀的)，人工影响天气效果的统计评估也较为困难。有鉴于此，发展适当的统计评估方法就显得十分重要。

2.2 统计评估算法中的定义及相关名词

假如催化作业的作业天数 i=1,2,⋯,n，不同作业日的随机分配变量则为$\theta_1,\theta_2,\cdots,\theta_n$，如果在第 i 天$\theta_i=1$，则表明目标区域 Y 被催化；相反如果$\theta_i=0$，则目标区域没有被催化；此外，在交替目标区实验中，存在另一个目标区 X，若该区域被催化，则$\theta_i=0$，否则$\theta_i=1$；分配变量$\theta_1,\theta_2,\cdots,\theta_n$是相互独立的，每一个都有 0.5 的概率，为 1 或 0。

对于目标区 Y 和 X 的第 i 天的降水量可记为 y_i 与 x_i, $z_{i,j}$ 为第 i 天的协变量 z_j (j=1,2,⋯, k)的观测值，同时为协变量 z_0 引入一个常数 $\tilde{z}_{i,0}\equiv 1$。

在这个实验中，随机的部分是选取分配变量$\theta_1,\theta_2,\cdots,\theta_n$，而统计分析是针对 y_i、x_i，以及协变量的 $z_{i,j}$ 进行的。

其中降水量与其协变量平均值为

$$\overline{y}=\frac{1}{n}\sum_i y_i,\quad \overline{x}=\frac{1}{n}\sum_i x_i,\quad \overline{z_i}=\frac{1}{n}\sum_i z_{i,j}\qquad (j=0,1,\cdots,k) \tag{2.1}$$

方差为

$$s_Y^2=\frac{1}{n}\sum_i(y_i-\overline{y})^2,\quad s_X^2=\frac{1}{n}\sum_i(x_i-\overline{x})^2,\quad s_{z_i}^2=\frac{1}{n}\sum_i(z_{i,j}-\overline{z}_j)^2\qquad (j=0,1,\cdots,k) \tag{2.2}$$

协方差为

$$s_{YX}^2=\frac{1}{n}\sum_i(y_i-\overline{y})(x_i-\overline{x}),\quad s_{Yj}^2=\frac{1}{n}\sum_i(y_i-\overline{y})(z_{i,j}-\overline{z}_j),\quad s_{jg}^2=\frac{1}{n}\sum_i(z_{i,j}-\overline{z}_j)(z_{i,g}-\overline{z}_g) \tag{2.3}$$

同时定义日相对值为

$$\tilde{y}_i=y_i/\overline{y},\quad \tilde{x}_i=x_i/\overline{x},\quad \tilde{z}_{i,j}=z_{i,j}/\overline{z}_j\qquad (j=0,1,\cdots,k) \tag{2.4}$$

相对方差为

$$\tilde{s}_Y{}^2=s_Y^2/\overline{y}^2,\quad \tilde{s}_X{}^2=s_X^2/\overline{x}^2,\quad \tilde{s}_j{}^2=s_j^2/\overline{z}_j{}^2\qquad (j=0,1,\cdots,k) \tag{2.5}$$

而协方差与相对协方差为

$$\tilde{s}_{YX}=\frac{s_{YX}}{\overline{y}\overline{x}},\quad \tilde{s}_{YX}=\frac{s_{YX}}{\overline{y}\overline{x}},\quad \tilde{s}_{jg}=\frac{s_{jg}}{\overline{z}_j\overline{z}_g} \tag{2.6}$$

式中，$\tilde{s}_Y$、$\tilde{s}_X$、$\tilde{s}_j$为方差系数，由于 Z_0 为协变量，s_0^2、s_{Y0}、s_{X0}、s_{j0}、$\tilde{s}_0{}^2$、$\tilde{s}_{Y0}$、$\tilde{s}_{X0}$、$\tilde{s}_{j0}$全为 0。

2.3 统计效果评估中的拟合模型

2.3.1 标准线性回归

最简单的描述目标区 Y 与控制区 X 降水之间关系的模型是标准线性回归模型，其满足如下方程：

$$y_i = \gamma + \delta x_i + \theta_i \qquad (i = 1,2,\cdots,n) \tag{2.7}$$

式中，y_i 与 x_i 分别为目标区与控制区的日降水量；γ 为截距；δ 为斜率；θ_i 为降水分布误差项，其方差为 η^2，θ_i 的期望 $E(\theta_i)=0$，协方差 $\mathrm{cov}(\theta_i,\theta_j)=0, i \neq j$。

模式相对于时间的稳定度是十分重要的，这在强降水时段降水频率可变时尤为重要，通常回归斜率 δ 与方差均受强降水量的影响。

2.3.2 对数模式

为了弥补异质性残差方差所带来的问题，需要就目标区及控制区进行对数转换。对数模型在大气科学中的应用是较为普遍的，特别是可以用于人工增加降水作业效果的评估。为了避免降水量为零时使对数趋近于无穷，方程增加了一个偏置参数，因而对数模型可由下式表示：

$$\ln(y_i + \mu) = \alpha + \beta \ln(x_i + \mu) + \varepsilon_i \tag{2.8}$$

式中，y_i 与 x_i 分别为目标区与控制区的日降水量；α 为截距；β 为斜率；μ 为偏置参数；ε_i 为降水分布误差项，其方差为 σ^2；ε_i 的期望 $E(\varepsilon_i)=0$，协方差 $\mathrm{cov}(\varepsilon_i,\varepsilon_j)=0, i \neq j$。

对于偏置参数的估算已有一些研究结果，Hill(1963)给出对于 μ 的估算为 $\min y_i$，对于降水而言，该值是接近于零的。

通过残差廓线的对数可能性 $L^*(\mu)$ 可以估算偏置参数，其可由下式给出：

$$L^*(\mu) = n\ln\hat{\sigma} - \sum_{i=1}^{n} \ln(y_i + \mu) \tag{2.9}$$

式中，n 为观测的次数；$\hat{\sigma}$ 为方差平方根的估算值。通过作图法可以得到偏置参数信度区间：

$$L^*(\hat{\mu}) - L^*(\mu) \leqslant \chi^2_{(\alpha,1)} \tag{2.10}$$

式中，$\chi^2_{(\alpha,1)}$ 为 α 的百分位数，其只有一个自由度的 χ^2 分布。

2.4 单个目标区的统计评估试验

2.4.1 试验设计

试验设计一个单个的目标区(表 2.1)，可能催化或者不催化，随机分配变量 $\theta_1,\theta_2,\cdots,\theta_n$ 与 $\Pr(\theta_1=1)=\Pr(\theta_i=1)=1/2$，$i$=1,2,⋯,$n$。目标区域第 i 天的降水量为 y_i；协变量 $z_{i,j}$ =0,1,⋯,k。

表 2.1　单目标区与多目标区试验

	作业天数		非作业天数	
	总天数/天	日平均/ml	总天数/天	日平均/ml
天数	$\sum\theta_i$	1	$\sum(1-\theta_i)$	1
区域 Y 的降水量	$\sum\theta_i y_i$	$\sum\theta_i y_i / \sum\theta_i$	$\sum(1-\theta_i)y_i$	$\sum(1-\theta_i)y_i / \sum(1-\theta_i)$
区域 X 的降水量	$\sum\theta_i x_i$	$\sum\theta_i x_i / \sum\theta_i$	$\sum(1-\theta_i)x_i$	$\sum(1-\theta_i)x_i / \sum(1-\theta_i)$
协变量 Z_j	$\sum\theta_i z_{i,j}$	$\sum\theta_i z_{i,j} / \sum\theta_i$	$\sum(1-\theta_i)z_{i,j}$	$\sum(1-\theta_i)z_{i,j} / \sum(1-\theta_i)$

2.4.2　单比率

在评估单个目标区实验时，如果没有协变量，可以将催化期间的降水与非催化期间的降水进行比较，因此催化效果的简单比率可定义为 SR_Y：

$$SR_Y = \frac{\sum\theta_i y_i / \sum\theta_i}{\sum(1-\theta_i)y_i / \sum(1-\theta_i)} = \frac{\sum\theta_i \tilde{y}_i / \sum\theta_i}{\sum(1-\theta_i)\tilde{y}_i / \sum(1-\theta_i)} \tag{2.11}$$

由于这个比率对于相对值与绝对值是相同的，因此二者是可以互换的。对于催化效果的统计推断，可以根据与所有可能随机催化(即有条件的 y)相关的 SR_Y 的统计计算获得，而随机分布由 θ 随机性确定。

SR_Y 的渐进分布可由其对数来表示，即

$$\ln SR_Y = \ln\sum\theta_i y_i - \ln\sum(1-\theta_i)y_i - \ln\sum\theta_i + \ln\sum(1-\theta_i) \tag{2.12}$$

利用泰勒近似，$\sum y_i\theta_i = \sum y_i / 2, \sum\theta_i = n/2$，通过一级近似，$\ln SR_Y$ 与 SR_Y 的数学期望为：$E[SR_Y] \approx 1$、$E[\ln SR_Y] \approx 0$；

方差为

$$\mathrm{Var}[SR_Y] \approx \mathrm{Var}[\ln SR_Y] \approx \frac{4}{n}\tilde{s}_Y^{\,2} \tag{2.13}$$

对于大样本催化试验，可以利用 SR_Y 来检验作业效果，而对于中等样本数的催化实验可以利用 $\ln SR_Y$ 来检验作业效果。

2.4.3　双比率及其近似

观测值的协变量 $z_{i,j}$ 是可以得到的，其可以通过计算双比率(DR)提高目标区域降水量的估算，对于给定的系数 $a_0, a_1, \cdots, a_k$，则有：

$$DR_{(a)} = SR_Y / \prod_{j=0}^{k} SR_j^{a_j} \tag{2.14}$$

将单个比率与给定的相似比率的加权组合进行比较，对于协变量 $z_{i,j}$，有

$$SR_j = \frac{\sum\theta_i z_{i,j} / \sum\theta_i}{\sum(1-\theta_i) z_{i,j} / \sum(1-\theta_i)} = \frac{\sum\theta_i \tilde{z}_{i,j} / \sum\theta_i}{\sum(1-\theta_i) \tilde{z}_{i,j} / \sum(1-\theta_i)} \tag{2.15}$$

当用于单个协变量 Z_1 时，且同时考虑目标区与控制区，则 $a_1 = 1$，$a_0 = a_2 = \cdots = a_k = 0$，因此双比率可记为 $DR_{(0,1)}$。对于 y 及 z 渐进的数学期望有

$$E\left[DR_{(a)}\right] \approx 1、E\left[\ln DR_{(a)}\right] \approx 0，$$

方差为

$$\mathrm{Var}\left[DR_{(a)}\right] \approx \mathrm{Var}\left[\ln DR_{(a)}\right] \approx \frac{4}{n}\left(\tilde{s}_Y{}^2 - 2\sum_j a_j \tilde{s}_{Yj} + \sum_{j,g} a_j a_g \tilde{s}_{jg}\right) \tag{2.16}$$

对于 $DR_{(0,1)}$，则有

$$\mathrm{Var}\left[DR_{(0,1)}\right] \approx \mathrm{Var}\left[\ln DR_{(0,1)}\right] \approx \frac{4}{n}\left(\tilde{s}_Y{}^2 - 2\tilde{s}_{Y1} + \tilde{s}_1{}^2\right) \tag{2.17}$$

而统计结果的回归比率可由下式表示：

$$RR = SR_Y / \prod_{j=1}^{k} SR_j^{a_j} \tag{2.18}$$

同样对于 y 及 z 渐进的数学期望有 $E[RR] \approx 1$、$E[\ln RR] \approx 0$，

而方差则有

$$\mathrm{Var}[RR] \approx \mathrm{Var}[\ln RR] \approx \frac{4}{n}\tilde{s}_Y{}^2\left(1 - R^2_{Y:1,\ldots,k}\right) \tag{2.19}$$

在人工增雨试验中，尽管控制区的雨量计并未受到催化的影响，但是控制区的使用正是为了减少在计算单比率在催化及非催化时段的 SR 的自然变化。通过将目标区的 SR 与控制区的 SR 进行比较，就可以减少因为自然降水而产生的变化，因此双比率也可以由下式表示(Gabriel，1999)：

$$DR = \frac{SR_Y(\text{目标区})}{SR_Y(\text{控制区})} \tag{2.20}$$

双比率的优势就在于减少 SR_Y(目标区) 与 SR_Y(控制区) 催化与非催化时的由于自然因素引起的变化。

2.5 交叉目标区统计评估试验

2.5.1 试验设计

在催化试验中可设立目标区 Y 与 X，并按照随机分配变量 $\theta_1, \theta_2, \cdots, \theta_n$ 进行交替催化。第 i 天的目标区 Y 及 X 的降水分别为 y_i 与 x_i，同时存在协变量 $z_{i,j}$=1,2,⋯,k，协变量通常是控制区域的降水量，一些是位于目标区 Y 的上方风区域，另一些是位于目标区 X 的上方风区域。

2.5.2　双比率平方根及其近似

如果在交替目标区催化试验的效果评估中不存在协变量，可以通过比较每个目标区的催化及不催化时的降水量来开展，因此催化效果可以通过单比率 SR_X 及相似单比率的倒数来表示：

$$SR_X = \frac{\sum\theta_i x_i / \sum\theta_i}{\sum(1-\theta_i)x_i / \sum(1-\theta_i)} = \frac{\sum\theta_i \tilde{x}_i / \sum\theta_i}{\sum(1-\theta_i)\tilde{x}_i / \sum(1-\theta_i)} \tag{2.21}$$

需要注意的是，正的催化效果会使 SR_X 的倒数增加，这是由于目标区 X 被催化时，$\theta_i = 0$，而不催化时，$\theta_i = 1$。在评估两个区域的催化总体效果时，需对 SR_Y 及 $1/SR_X$ 进行平均，具体可由双比率平方根进行计算(Moran，1959)：

$$\text{RDR} = \sqrt{SR_Y / SR_X} = \sqrt{\frac{\sum\theta_i y_i}{\sum(1-\theta_i)y_i}\frac{\sum(1-\theta_i)x_i}{\sum\theta_i x_i}} \tag{2. 22}$$

此即为 SR_Y 及 $1/SR_X$ 的几何平均。

对于它们渐进的数学期望有 $E[\text{RDR}] \approx 1$，$E[\ln\text{RDR}] \approx 0$。

方差为

$$\text{Var}[\text{RDR}] \approx \text{Var}[\text{RDR}] \approx \frac{1}{n}\left(\tilde{s}_Y^{\ 2} - 2\tilde{s}_{YX} + \tilde{s}_X^{\ 2}\right) \tag{2.23}$$

$$\text{RRR} = \text{RDR} / \sqrt{\prod_{j=1}^{k} SR_j^{\beta_j}} \tag{2.24}$$

式中，指数 $\beta_1, \beta_2, \cdots, \beta_k$ 为 $\tilde{y}_i - \tilde{x}_i$ 相对于协变量 $\tilde{z}_{i,j}$ (j=1,2,⋯, k) 的截距和回归系数。

2.6　统计评估试验设计方案比较

2.6.1　试验设计方案

考虑到某些常见的模式在许多降水试验中都存在，因此提出了一个方差和相关性的模式。

从这个模式推导比率的方差，以及对各种比率做一些比较，并按其方差计算统计数据。在图 2.1 中包含 1 个或 2 个目标区(Y 或 X)，以及相应的控制区 Z_1 及 Z_2。

假设两个目标区与各自的控制区具有相同的相关性，则 $r_{Y1} = r_{X2} = \kappa$；两个目标区的每个目标区与另一个目标区的控制区之间的相关性相同，则 $r_{Y2} = r_{X1} = \gamma$；目标区之间的相关性与控制区之间的相关性相同，则 $r_{YX} = r_{12} = \tau$；由于控制区选择需尽可能与目标区高度相关，$\kappa \geqslant \tau \geqslant \gamma \geqslant 0$；每个目标区与对方控制区之间的相互关系显然最小。

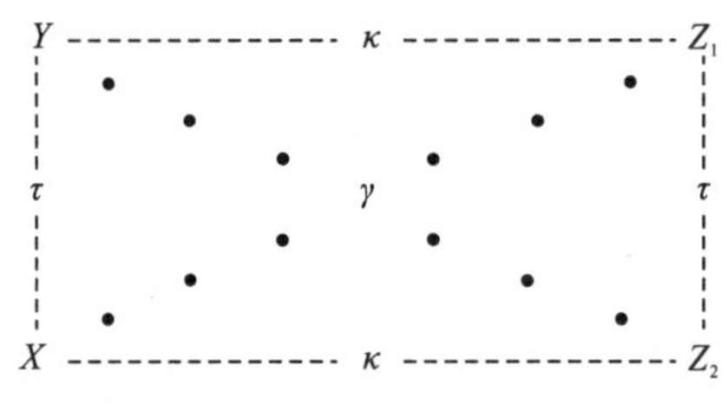

图 2.1　目标区与控制区的相关性

Y、X 为目标区，Z_1、Z_2 为控制区。

2.6.2　统计评估试验实例

在以色列催化试验（Gabriel and Rosenfeld，1990）中的变导系数及目标区与控制区相关系数如表 2.2 所示。

表 2.2　以色列催化试验中的变异系数及目标区与控制区相关系数

		变异系数			
		北目标区 Y	南目标区 X	北控制区 Z_1	南控制区 Z_2
		1.215	1.288	1.245	1.181
相关系数	北目标区 Y	1	$0.668 \approx \tau$	$0.866 \approx \kappa$	$0.745 \approx \gamma$
	南目标区 X	$0.668 \approx \tau$	1	$0.548 \approx \gamma$	$0.641 \approx \kappa$
	北控制区 Z_1	$0.866 \approx \kappa$	$0.548 \approx \gamma$	1	$0.808 \approx \tau$
	南控制区 Z_2	$0.745 \approx \gamma$	$0.641 \approx \kappa$	$0.808 \approx \tau$	1
因协变量而调整的变异系数*		0.608	0.989	—	—

注：*为目标变异系数 $\times\sqrt{1-\text{目标区与控制区相关系数}^2}$。

由表 2.2 可知，在以色列催化试验中的变异系数明显稳定于 1.25 左右，而目标区与控制区的相关系数平均为 0.738，最小的目标区与其他控制区的相关系数为 0.665。

在意大利普利亚试验（List et al.，1999）中的变异系数及目标区与控制区相关系数如表 2.3 所示。

表 2.3　意大利普利亚试验中的变异系数及目标区与控制区相关系数

		变异系数			
		巴里 Y	卡诺萨 X	巴里控制区 Z_1	卡诺萨控制区 Z_2
		1.447	1.631	1.801	1.524
相关系数	巴里 Y	1	$0.607 \approx \tau$	$0.804 \approx \kappa$	$0.581 \approx \gamma$
	卡诺萨 X	$0.607 \approx \tau$	1	$0.414 \approx \gamma$	$0.860 \approx \kappa$
	巴里控制区 Z_1	$0.804 \approx \kappa$	$0.414 \approx \gamma$	1	$0.410 \approx \tau$
	卡诺萨控制区 Z_2	$0.581 \approx \gamma$	$0.860 \approx \kappa$	$0.410 \approx \tau$	1
因协变量而调整的变异系数*		0.860	0.832	—	—

注：*为目标变异系数 $\times\sqrt{1-\text{目标区与控制区相关系数}^2}$。

对于意大利普利亚试验而言，变异系数基本稳定于 1.60 左右，目标区与控制区的相关系数平均为 0.823，而目标区之间与控制区之间的相关系数平均为 0.508；最小的目标区与其他控制区之间的相关系数平均为 0.498。

在单目标区试验中，当目标区与控制区相关系数不超过 0.5 时，双比率 $DR_{(0,1)}$ 更加准确，其方差比单比率的 SR_Y 小，RR 的准确率比其他都要高，因此当有合适的控制区可以选择时，这是一个可用的参数，若没有控制区时，则只能用 SR_Y。

2.7　以色列人工增加降水试验效果统计评估

该试验是在以色列特拉维夫市以北 10km 的赫兹利娅与比尔谢巴实施的，试验主要步骤如下：

(1) 人工增加降水试验效果评估均限定于“降水日”；

(2) 目标区降水为其境内的平均降水；

(3) 人工增加降水的效果是通过随机试验得到的；

(4) 所有的人工增加降水试验效果评估是通过在不同的年份及季节在各子区域，对经分类的各变量分析得到的；

(5) 地面与高空催化作业同步进行；

(6) 在催化效果的作业评估中使用单比率、双比率平方根及双比率。

表 2.4　催化效果评估统计表

北部目标区 N；对应的控制区为 C_2	
单比率 SR(N)	$M_N(N)/M_S(N)$
双比率 DR(N：C_2)	$(M_N(N)/M_S(N))/((M_N(C_2)/M_S(C_2))$
回归双比率 DRR(N：C_2)	$(M_N(N)/M_S(N))/((M_N(C_2^f)/M_S(C_2^f))$
南部目标区 S；对应的控制区为 C_1	
单比率 SR(S)	$M_S(S)/M_N(S)$
双比率 DR(S：C_1)	$(M_S(S)/M_N(S))/((M_S(C_1)/M_N(C_1))$
回归双比率 DRR(S：C_1)	$(M_S(S)/M_N(S))/((M_S(C_1^f)/M_N(C_1^f))$
两个目标区的 N 与 S 的平均，控制区为 C_1 与 C_2	
双比率平方根 RDR (N，S)	$((M_N(N)/M_S(N))(M_S(S)/M_N(S)))^{1/2}$
四比率 RQR (N：C_2，S：C_1)	$((M_N(N)/M_S(N))/((M_N(C_2)/M_S(C_2))(M_S(S)/M_N(S))/((M_S(C_1)/M_N(C_1)))^{1/2}$
回归四比率平方根 RRQR (N：C_2，S：C_1)	$((M_N(N)/M_S(N))/((M_N(C_2^F)/M_S(C_2^F))(M_S(S)/M_N(S))/((M_S(C_1^F)/M_N(C_1^F)))^{1/2}$

注：$M_T(X)$，其中 X 表示降水的测量区域，T 为催化的目标区域，如 $M_S(C_2)$ 为以南部区域为目标区进行催化的控制区 C_2 的平均降水量，上标 f 为目标区降水与控制区降水的回归，上标 F 为目标区降水与控制区降水的多重回归。

当分别以北部及南部为目标区进行催化时，以两个区域降水量平均值比率估算目标区催化效果的统计比率。

2.8 美国得克萨斯人工增加降水试验效果统计评估

Woodley 和 Rosenfeld(2004)以得克萨斯州人工增雨作业项目为背景，开发了一种基于“浮动目标区”的短期非随机作业对流增雨作业的客观效果评估方法，并对其进行了测试。这一方法是基于计算机利用雷达资料，以25km半径的圆形区域为“浮动目标区”(其生命期为从开始有回波到回波消失的时段)，并将催化作业飞机轨迹置于“浮动目标区”之上。量化的客观标准用来识别控制区，并与催化的目标区相匹配。为了尽可能地消除催化带来的潜在污染干扰，如果任何控制区域的外缘位于25km半径的催化目标区的外缘之内，则不进行目标区与控制区的匹配，该方法具体按以下流程进行实施。

(1)在整个不进行实际催化的区域连续定义“浮动目标区”，效果评估中主要用的资料为雷达资料。

(2)当雷达回波强度在25km半径的圆形区域达到40dBZ时(前一个体扫回波强度还为较弱的回波)，则定义为“浮动目标区”。

(3)当有新的回波信号超过40dBZ时，新的“浮动目标区”定义为已有25km半径的圆形区域之外，“浮动目标区”是可以重叠的，进而避免漏掉任何的回波信号。

(4)所有的“浮动目标区”可随时间向前及向后标记，进而在50km范围内记录最大的雷达回波反射率与降水体积率。

(5)将作业飞机的飞行轨迹及其作业信息用于处理资料，从而判断哪些“浮动目标区”需要被催化，所有受到催化剂影响的“浮动目标区”均被认为是在被催化的区域内。

(6)“浮动目标区”时长从开始作业起到无回波信号时结束，通常“浮动目标区”的最大时长为75min。

(7)控制区为完全未受到任何催化剂影响的区域，其外缘没有在“浮动目标区”25km半径的圆形区域之内。

(8)控制区的气象条件要有代表性，与“浮动目标区”的相近，且在相同区域内。

(9)控制区应当没有受到其他催化作业的影响，若无法避免，应当设置缓冲区。

(10)分别在2h、3h、6h、12h的时段内对催化效果进行评估。

该方法将目标区与控制区进行匹配，从而分析上千个回波，进而使目标区与控制区的匹配更加客观，消除选择参数的预处理偏差。这种方法的一个主要优点是编译了一个回波文件，随着时间的推移，该文件将越来越大，以致于在几乎任何气象分区内都可以对催化作业单元进行多次匹配。

2.9　南非吸湿性催化试验效果统计评估分析

1991～1992年南非开展了的吸湿性催化试验(Mather et al.，1997)，其后又持续进行了五年。该试验是典型的随机试验，其主要采取的是“浮动目标区”设计，试验的对象是位于佛理州伯利恒C波段雷达100km探测半径范围内的对流风暴。所有被选定进行催化的风暴在催化之前已经有了一定的发展，其中多数已经开始出现降水。催化是在对流风暴的底部，以吸湿性的可以产生平均直径约为0.5μm盐粒子的烟剂实施。试验中，127个风暴中，62个被催化而65个没有被催化。假设雷达估算的降水量与风暴的尺度成正比，Mather等(1997)认为，较小的风暴对于催化的反应是最先出现的，中等尺度的次之，最大的风暴出现的相应反应则是最慢的，据此可以推论，吸湿性催化对于独立的风暴增加降水是有效的。在另外与此独立的效果统计评估中，Bigg(1997)的研究结果与Mather等的一致，而此后Silverman(2000)也证实了Mather等的研究结果的可靠性。

Mather等(1997)认为，最有用的分析是在决定催化之前或之后10min的时间窗口内检查催化与非催化风暴之间的差异，以便判定随意选择是否存在偏差，进而检查相邻时间窗口催化造成的差异在物理上的有效性。由于多数的风暴在决定催化后的20min内进行了催化，因此，若在云底催化后10min即出现降水通量的改变则认为是不合理的。

Silverman(2003)则认为南非试验中应该在决定催化后的10～60min内设置5个时间窗口，对该试验重新进行相应的评估。在其工作中发现，在决定催化后20～60min内，催化的比例效应及其统计可信度在稳步增加，特别是在40～50min的时间窗口内统计检验的显著性最高。为了进一步了解哪种云对于催化最有利，其将试验资料按照试验区域进行划分，并对所选择风暴的尺度也做出了相应的区分。统计结果的p(概率)在一定程度上可以反映催化效果，分析发现，当吸湿性催化对于催化时体积超过750km^{3}的风暴催化没有明显的效果，对于这样的风暴催化实施显得太小且太晚。

2.10　墨西哥吸湿性催化试验效果统计评估分析

1997～1998年的夏季，墨西哥吸湿性催化试验是在墨西哥北部的科阿韦拉州实施的(Bruintjes et al.，2001)，是针对对流风暴开展的“浮动目标区”随机催化试验。试验最初只是想复制南非的试验(Mather et al.，1997)，因此试验中试验对象的选择标准、催化的方法、烟剂的设计，以及随机方案均与南非吸湿性催化试验是相同的。试验中共有99个对象风暴，其中47个被催化，52个则没有被催化。与南非试验相同，该试验的效果评估是基于雷达估测的对流风暴的降水实施的。Bruintjes等(2001)认为墨西哥的试验结果与南非相似。

Fowler等(2001)的再重组试验表明，就催化的平均降水量与非催化平均降水量来看，差异是十分明显的，特别是在催化后20～50min内的差异尤为明显。通过进一步的分析发现，尺度小的风暴与尺度大的风暴催化与非催化的降水量差异并不明显，其中差异最为明显的是中等尺度的风暴，因而其据此指出，在一些试验中得到了明显的催化效果，应当是纯属巧合。为效果检验设定多个响应变量和假设，这可能主要包括雷达反演的降水通量、总的风暴质量、6km以上的风暴质量、风暴面积、最大反射率与反射率因子加权质心的高度差等。在效果统计评估中，催化个例在催化20～50min后，降水量均比非催化的高出很多。此外在统计评估中还使用了一些累积雷达变量，如催化开始至试验结束总降水量、催化开始至试验结束总的试验面积及时间等。以同样的统计评估方法可以发现，墨西哥试验的效果好于南非试验。

Bruintjes等(1999)还发现在墨西哥试验中催化云的生命期比非催化云的更长。利用试验中的统计资料至少可以解释催化后30min催化云与非催化云的这种差异，但是催化后30min就不能以已有的假设去解释了，因为30min后的动力响应已经超出了原有的降水系统，但试验中并没有给出实质性的物理观测依据。

2.11 泰国暖雨催化随机试验效果统计评估分析

1995～1998年，在泰国西北部的普密蓬集水区实施了暖雨催化随机试验(Woodley et al., 1999)，试验的对象是半孤立的热对流云。催化试验是以21kg·km^{-1}的播撒量向发展的暖对流云上升气流中(在云底上方1～2km处)播撒氯化钙粒子，这样的暖对流云远未成熟，最多只是刚刚开始形成降水回波。试验中使用了一部波长为10cm的多普勒雷达，其完成一个体扫的时间为5min。在为期4年的试验研究中，总共纳入试验的热对流系统有67个，其中34个被催化了，33个没有被催化，试验效果统计评估是基于在云底反演的催化与非催化降水量的单比率重组分析实施的。暖云催化试验旨在测试以下两个假设：①氯化钙催化不改变试验对象催化结束后30min的降水量；②氯化钙催化不改变试验对象整个生命期内的降水量。经过分析发现，在假设1的条件下，催化比例效果为10%，p为0.44；在假设2的条件下，催化比例效果为109%，p为0.02，若以p为0.025为标准，假设2不成立，而假设1是成立的。泰国试验效果统计评估表明，吸湿性催化可以增加降水量。

泰国的吸湿性催化试验是在Silverman和Sukarnjanaset(1996)数值模拟试验指导下开展的，试验表明，以吸湿性粒子在暖云中进行播撒可以提高暖积云的降水效率。试验中使用的吸湿性催化剂主要有氯化钙、硝酸铵、氯化钠及尿素等，其中尤其以干燥的氯化钙粒子产生的催化效果最为明显。试验中发现，以多分散谱氯化钙粒子播撒的催化效果比以最优尺度的单分散谱氯化钙粒子播撒的效果要差，同时也发现在云底播撒比云顶播撒产生的效果好，此外，催化剂量越大则催化效果越好。试验结果还表明，在系统的发展初期就开始催化效果较好，这与Tzivion等(1994)的数值模拟结果是一致的。

Silverman与Sukarnjanaset(1996)认为，催化云的发展会影响非催化云，进而使得催化效果在非催化云中体现得更加明显。特别是当催化后系统中的雨滴谱发生了变化，降水强度增加，降水将增强下沉气流以及阵风锋，从而会促使后续对流单体的生成，这些新生的单体可能产生比对比单体更多的降水。由于这种假设尚没有找到更多依据，因此目前还只是假设。

2.12　印度暖云催化随机交叉试验效果统计评估分析

印度分别于 1973～1974 年、1976 年及 1979～1986 年在马哈拉施特拉邦的 11 个夏季季风时段开展暖云催化随机交叉试验(Murty and Coauthors，2000)，试验中设置面积均为 1600km^2 的南北两块目标区域，其中间设置面积为 1600km^2 的缓冲区。试验中目标区内的云主要为层积云与积云，随机选择后，利用飞机在云底以上 200～300m 的高度，以 3.33kg·km^{-1} 的播撒速率(浓度约为 1～10L^{-1}，其与播撒条件相关)向云中播撒粉状氯化钠粒子，一个试验日播撒量为 1000kg，在 11 年的试验时段内共有 160 个试验日。

试验效果的统计评估是基于 24h 内 90 个雨量计的测量结果实施的。催化效果是通过双比率平方根 RDR 来计算的，同时发现催化比例效果(RDR−1)为 24%，其中 p 为 0.04。在试验中，当南北目标区分别进行统计评估时差异较大，其中北部目标区的单比率为 1.649，而南部目标区的单比率则为 0.923。

在印度试验中，非催化云中存在巨大云凝结核(giant cloud condensation nuclei，GCCN)，浓度约为 2.8L^{-1}(标准偏差为 1.2 L^{-1})，这与背景浓度 2 L^{-1} 相差不大，而在催化云中 GCCN 的浓度则为 5.0L^{-1}。因此，根据催化假设，催化云在降水尺度液滴形成初期有一定的优势。在催化后 15～20min 所有的云滴尺度组内，催化云中的云滴比非催化云中的增长得快，对于直径大于 40 μm 的云滴尤为如此，而体积为平均值左右的液滴直径增长也很快。在催化云中，液水含量较高，上升气流速度较快，可能正是在这样的条件下吸湿性粒子催化加速了催化假设中的粒子碰并。但是遗憾的是，Murty 和 Coauthors(2000)的这些物理依据并不是在交叉区域中的催化及非催化云中观测得到的。

在该试验阶段之前，1955～1966 年还开展过一次催化试验，在那次试验中效果统计评估表明，降水增加了 21%，其中 p=0.005(Biswas et al.，1967；Murty and Coauthors，2000)。然而很少有学者相信其结果的正确性，因为人们无法认同依据已有的微物理假设会产生如此大降水量的增加。Mason(1971)因此也指出，播撒到云中的盐粒子即使都核化并生长成为大雨滴，也不会产生这样大量级的降水。Cotton(1982)则认为，尽管印度试验的结果存在诸多的不确定性，但它们并不能被视为无效试验。既然现有的微物理假设并不能解释印度试验的结果，或许需要找到新的微物理假设，正是由于这种原因，会让人们将视线转移至催化产生的动力过程上，由于其发生的作用可能会导致印度试验结果的产生，但到目前为止，尚没有明确的物理证据支持这一假设。

2.13 人工影响天气效果的贝叶斯分析

一般的统计方法需要通过假设设定催化作业中天气因子的分布，另外还有贝叶斯(Bayesian)分析方法(Olsen，1975)。在基于贝叶斯方法的随机催化试验中，目标区与控制区的数据是独立获取的，其中一组数据是控制区的观测变量，而另一组数据是目标区的观测变量。在该方法中预设了两个假定条件，即：①降水量的日变化可由偏伽马分布进行描述；②如果有催化效果，则是正向增加的。基于这些假设，随机变量X代表控制区的降水量，其可能的密度分布函数可表示为

$$p\left(x|\alpha,\beta_{c}\right)=\frac{\beta_{c}^{\alpha}}{\Gamma(\alpha)}x^{\alpha-1}e^{-\beta_{c}x},\quad x>0 \tag{2.25}$$

式中，$\alpha>0$，$\beta_{c}>0$，而随机变量Y为目标区的对应变量，且分布的形式与X相同，但两者的差异参数为β_{t}。如果X与Y的期望值分别为$\mu_{c}=\alpha/\beta_{c}$、$\mu_{t}=\alpha/\beta_{t}$，而催化效果参数可定义为$\theta=\mu_{t}/\mu_{c}$。在随机试验中，针对X的独立观测有m次，其密度为$p\left(x|\alpha,\beta_{c}\right)$，而针对$Y$的独立观测有$n$次，其密度为$p\left(x|\alpha,\beta_{c}/\theta\right)(\beta_{t}=\beta_{c}/\theta)$。

若假设控制区的自然降水分布完全已知是不现实的，但是控制区的分布状态已知，则表明α与β_{c}是已知的，因而未知的参数则只有θ，而对于目标区 Y 可能的密度函数则可表示为

$$p\left(y|\theta\right)=\left(\frac{\alpha}{\mu_{c}\theta}\right)^{\alpha}\frac{y^{\alpha-1}}{\Gamma(\alpha)}\exp\left(-\frac{\alpha y}{\mu_{c}\theta}\right),\quad y>0 \tag{2.26}$$

贝叶斯分析是基于贝叶斯方程实施的，可以表示为

$$p\left(\theta|y\right)\propto p(\theta)p\left(y|\theta\right) \tag{2.27}$$

式中，$p\left(\theta|y\right)$是催化效果θ后的可能密度函数(样本为y)，$p(\theta)$为催化效果θ前的可能密度函数，而$p\left(y|\theta\right)$是θ的分布函数，可通过参数θ推导出$p\left(\theta|y\right)$。

在实际试验中，

$$p\left(y|\theta\right)=\prod_{i=1}^{n}p\left(y_{i}|\theta\right)=\left(\frac{\alpha}{\mu_{c}\theta}\right)^{n\alpha}\left[\left(\prod_{i=1}^{n}y_{i}\right)^{\alpha-1}/\Gamma(\alpha)^{n}\right]\times\exp\left(-\frac{n\alpha\overline{y}}{\mu_{c}\theta}\right) \tag{2.28}$$

式中，$\overline{y}$为算数平均，而$p(\theta)$可表示为

$$p\left(\theta\right)=\frac{K_{2}^{K_{1}+1}}{\Gamma(K_{1}+1)}\theta^{-K_{1}-2}\exp\left(-\frac{K_{2}}{\theta}\right),\quad \theta>0 \tag{2.29}$$

而$p\left(\theta|y\right)$可表示为

$$p\left(\theta|y\right)=\frac{\left(K_{2}+\Delta\right)^{n\alpha+K_{1}+1}\theta^{-(n\alpha+K_{1})-2}}{\Gamma(n\alpha+K_{1}+1)}\exp\left[-\left(K_{2}+\Delta\right)/\theta\right] \tag{2.30}$$

式中，$\Delta=\dfrac{n\alpha\overline{y}}{\mu_{c}}$。

在这样的假设中，对于催化效果θ的检验或评估是较容易得到的，其中θ无偏差估计的最小的方差可表示为

$$\hat{\theta}=\overline{y}/\mu_{c} \tag{2.31}$$

当$\theta=1$时，则表明无催化效果。而θ的等尾信度区间可由下式给出：

$$\frac{2n\alpha\overline{y}}{\mu_{c}Z_{U}}\leqslant\theta\leqslant\frac{2n\alpha\overline{y}}{\mu_{c}Z_{L}} \tag{2.32}$$

式中，Z_{U}与Z_{L}为界限值。

在贝叶斯分析中，θ与μ_{c}是相互独立的，其分布可表示为

$$p(\theta,\ \mu_{c})=p(\theta)p(\mu_{c})=\frac{K_{2}^{K_{1}+1}}{\Gamma(K_{1}+1)}\theta^{-K_{1}-2}\exp\left(-\frac{K_{2}}{\theta}\right)\frac{k_{2}^{k_{1}+1}}{\Gamma(k_{1}+1)}\theta^{-k_{1}-2}\exp\left(-\frac{k_{2}}{\theta}\right) \tag{2.33}$$

式中，K_{1}、K_{2}、k_{1}及k_{2}均为分布系数。

2.14　人工影响天气中降水量资料的质量控制

在人工增加降水作业中，在地面观测中多用到降水量计(包括雨量计与雪量计)，降水量计资料的质量直接会影响效果评估的准确性，因此降水量计资料的质量控制对于人工影响天气中的增降水作业效果评估尤为重要。特别是对于雪量计而言，其称重单元明显依赖温度，从而会导致降水量估算的偏差，因此需要将这样的影响因素去除，具体步骤如下(Rasmussen et al.，2018)：

(1)在催化作业前后各寻找 24h 的非降水时段；

(2)从原始数据中减去 24h 的平均雪量计积雪累积和温度，以辨别与平均值的偏差；

(3)通过原始异常降水p_{0}和温度t_{0}数据拟合一条直线，得到一个与降水扰动和温度扰动有关的线性方程：$P'=fT'+b$，其中，P'为降水扰动，T'为温度扰动，b为拟合常数，斜率f代表相对于温度变化的降水累积变化；

(4)检查晴天资料质量，重复(1)～(3)步，直到发现两个较好的晴天；

(5)最后，按照下式订正每次(在两个非降水日之间)试验原始的降水测量结果：

$$P_{f}=P_{r}+\Delta P \tag{2.34}$$

式中，P_{f}是订正后的降水累积量；P_{r}是原始降水累积量；ΔP是温度引起的降水测量相应的变化。

$$\Delta P=f\times\left(T_{r}-\overline{T}\right) \tag{2.34}$$

式中，f是订正因子(与$P'=fT'+b$中的相同)；T_{r}为测量温度；$\overline{T}$为评估期间的平均温度。

Silverman 等(1981)还发现，在陆地高原上对流雷暴而言，在统计评估中降水量取样方差还与雨量计密度有关(通常每个对流风暴中需要有 4 个雨量计，或者 80km^{2}中有 1 个雨量计)；以设定的雨量计密度，通过不超过 10%取样量可以监测由催化引起的 25%的平均降水量的变化。当每个对流风暴对应的雨量计密度不足 1 个时，取样方差与雨量计的密

度就变得异常显著，进而取样方差对于统计评估中降水量有着显著的影响。

Yin 等(2001)在进行数值模拟研究时曾指出，吸湿性催化会明显改变雨滴谱的分布，进而改变 Z-R 关系。于陆地区域，将未催化时的 Z-R 关系用于催化时的降水过程，催化效果可能会因此而高估 300%，其结果同时还指出，于海洋区域吸湿性催化 Z-R 关系对于降水的高估幅度较小，这是因为海洋区域催化与非催化时的 Z-R 关系差别并不是很大。

Mather 等(1997)也认为催化可以改变高层的滴谱分布，但是当这些液滴降落至雷达的测量高度时，滴谱的分布会受自然的过程影响进一步出现新的变化，因此有可能导致催化与非催化的雨滴谱差异不会被察觉。然而，Nissen 和 List(1998)则指出，在低雨强的条件下，不可能得到一致的雨滴谱，因而 Mather 等(1997)的结果也是有条件的。

在一些催化试验中，统计评估的结果可以在催化后 30min 由微物理催化假设加以解释，但超过 30min 催化的效果则并不明显，这可能与云系统中的动力响应改变了降水过程有关。此外，多数的对流系统在 20min 内即完成了催化，不可能在超过 30min 之后才观测到催化效果，因此也就可以忽略 Z-R 关系变化所带来的不确定性。

2.15 小 结

在人工影响天气效果评估方法中，统计评估不仅开展得较早，而且开展得也最为广泛。一方面，统计评估有赖于合理而严谨的催化试验设计；另一方面，统计评估还与观测资料质量及统计评估的算法高度相关。本章在介绍统计评估依据的观测试验与观测内容的基础上，分别就统计评估算法中的定义及相关名词、统计效果评估中的拟合模型、单个目标区的统计评估试验、交叉目标区统计评估试验、统计评估试验设计方案比较、以色列人工增加降水试验效果统计评估、美国得克萨斯人工增加降水试验效果统计评估、人工影响天气效果的贝叶斯分析，以及人工影响天气中降水量资料的质量控制进行了系统的介绍。

参考文献

Baumgardner D,Abel S J,Axisa D,et al.,2017.Cloud ice properties: In situ measurement challenges[J]. Meteorological Monographs, 58:1-23.

Bigg E K,1997.An independent evaluation of a South African hygroscopic cloud seeding experiment, 1991-1995[J]. Atmos. Res., 43:111-127.

Biswas K R,Kapoor R K,Kanuga K K,et al.,1967.Cloud seeding experiment using common salt[J]. J. Appl. Meteor., 6:914-923.

Brandes E A,Zhang G,Vivekanandan J,2002.Experiments in rainfall estimation with a polarimetric radar in a subtropical environment[J]. Journal of Applied Meteorology and Climatology, 41(6):674-685.

Bruintjes R T,1999.A review of cloud seeding experiments to enhance precipitation and some new prospects[J]. Bull. Amer. Meteor. Soc., 80:805-820.

Bruintjes R T,Breed D W,Salazar V,et al., 2001.Overview and results from the Mexican hygroscopic seeding experiment[J]. Pre-prints, 15th Conf. on Planned and Inadvertent Weather Modification, Albuquerque, NM, Amer. Meteor. Soc.:45-48.

Changnon S A,Lambright W H,1990. Experimentation involving controversial scientific and technological issues: Weather modification as a case illustration[J]. Bull. Amer. Me- teor. Soc., 71:334-344.

Cotton W R,1982. Modification of precipitation from warm clouds— A review[J]. Bull. Amer. Meteor. Soc., 63:146-160.

Dessens J,1998.A physical evaluation of a hail suppression project with silver iodide ground burners in southwestern France[J]. J. Appl. Meteor., 37:1588-1599.

Fowler T L, Brown B G,Bruintjes R T,2001.Statistical evaluation of a cloud seeding experiment in Coahuila, Mexico[J]. Preprints, 15th Conf. on Planned and Inadvertent Weather Modification, Albuquerque, NM, Amer. Meteor. Soc.:49-53.

Gabriel K R,Rosenfeld D,1990.The second Israeli rainfall stimulation experiment [J]. J. Appl. Meteor., 29:1055-1067.

Gabriel K R,1999.Ratio statistics for randomized experiments in precipitation stimulation[J]. J. Appl Meteor., 38:290-301.

Houze R A,1993.Cloud Dynamics[M]. Jerusalem:Academic Press.

Hill B M,1963.The three parameters lognormal distribution and bayesian analysis of point source epidemic[J]. J. Amer. Stat. Assoc., 58:72-84.

Krajewski W F,Villarini G, Smith J A,2010.Radar-rainfall uncertainties: Where are we after thirty years of effort[J]. Bulletin of the American Meteorological Society, 91:87-94.

Kurdzo J M,Nai F,Bodine D J,et al.,2017.Observations of severe local storms and tornadoes with the atmospheric imaging radar[J]. Bulletin of the American Meteorological Society, 98(5): 915-935.

List R,Gabriel K R,Silverman B A,et al.,1999.The rain enhancement experiment in Puglia, Italy: Statistical evaluation[J]. J. Appl. Meteor., 38:281-289.

Mason B J,1971.The Physics of Clouds[M]. Oxford:Clarendon Press.

Mather G K,Terblanche D E, Steffens F E,et al.,1997.Results of the South African cloud seeding experiments using hy-groscopic flares[J]. J. Appl. Meteor., 36: 1433-1447.

Moran P A P,1959.The power pf cross-over test for the artificial stimulation of rain[J]. Aust. J. Statist., 1(2): 47-52.

Murty A S R,Coauthors, 2000.11-year warm cloud seeding experiment in Maharashtra State, India[J]. J. Wea. Mod., 32:10-20.

Nissen R,List R,1998.Equilibrium raindrop size distribution and observed spectra evolution[J]. Preprints, Conf. on Cloud Physics and 14th Conf. on Planned and Inadvertent Weather Modification, Everett, WA, Amer. Meteor. Soc.:403-406.

Olsen A R,1975.Bayesian and classical statistical methods applied to randomized weather modification experiments[J]. J. Appl. Meteor. Climatol., 14:970-973.

Pokharel B,Geerts B,Jing X,et al.,2014.The impact of ground-based glaciogenic seeding on clouds and precipitation over mountains: A multi-sensor case study of shallow precipitating orographic cumuli[J]. Atmospheric Research:147-148,162-182.

Rasmussen R,Baker B,Kochendorfer J,et al.,2012.How well are wemeasuring snow: The NOAA/FAA/NCAR winter precipitation test bed[J]. Bulletin of the American Meteorological Society, 93(6):811-829.

Rasmussen R M,Tessendorf S A,Xue L,et al., 2018.Evaluation of the Wyoming Weather Modification Pilot Project (WWMPP) using two approaches: Traditional statistics and ensemble modeling[J]. J. Appl. Meteor. Climatol., 57:2639-2660.

Schaefer V J,1953. Final Report, Project Cirrus, Part1, Laboratory, Field, and Flight Experiments[M]. New York: General Electric Research Laboratories.

Schmit T J,Griffith P,Gunshor M M,et al., 2017.A closer look at the ABI on the GOES-R series[J]. Bulletin of the American

Meteorological Society, 98(4):681-698.

Silverman B A,2000.An independent statistical reevaluation of the South African hygroscopic flare seeding experiment[J]. J. Appl Meteor., 39:1373-1378.

Silverman B A,2003.A critical assessment of hygroscopic seeding of convective clouds for rainfall enhancement[J]. Bulletin of the American Meteorological Society, 84: 1219-1230.

Silverman B A,Rogers L K,Dahl D, 1981.On the sampling variance of rain gauge networks[J]. J. Appl. Meteor., 20:1468-1478.

Silverman B A,Sukarnjanaset W,1996.On the seeding of tropical convective clouds for rain augmentation[J]. Preprints, 13th Conf. on Planned and Inadvertent Weather Modification, Atlanta, GA, Amer. Meteor. Soc.:52-59.

Tzivion S,Reisen T,Levin Z,1994.Numerical simulation of hygroscopic seeding in a convective cloud[J]. J. Appl Meteor., 33:252-267.

Villarini G,Mandapaka P V,Krajewski W F,et al.,2008.Rainfall and sampling uncertainties: A rain gauge perspective[J]. Journal of Geophysical Research: Atmospheres, 113(D11).

Wang Z,French J,Vali G,et al.,2012.Single aircraft integration of remote sensing and in situ sampling for the study of cloud microphysics and dynamics[J]. Bulletin of the American Meteorological Society, 93(5):653-668.

Woodley W L,Silverman B A, Rosenfeld D,1999.Final contract report to the ministry of agriculture and cooperatives[J]. Woodley Weather Consultants:110.

Woodley W L,Rosenfeld D,2004.The development and testing of a new method to evaluate the operational cloud-seeding programs in Texas[J]. J. Appl. Meteor., 43:249-263.

Yin Y Z,Levin T G,Reisen S,et al.,2001.On the response of radar-derived properties to hygro-scopic flare seeding[J]. J. Appl. Meteor., 40:1654-1661.

第3章　人工影响天气效果物理评估方法

在人工影响天气效果评估方法中，物理评估也是一种重要的方法，该方法主要是基于地基、空基与天基的观测设备对人工影响天气作业前、中、后的观测结果，通过审慎地综合比较而做出的有针对性的客观评估。

3.1　物理评估中使用的主要观测设备

物理评估中通常使用的主要观测设备有三类，即地基、空基及天基观测设备，其中地基设备主要是各类地面降水测量设备，如雨量计、雨滴谱仪、雪量计、激光雷达、云雷达、微雨雷达及双偏振多普勒雷达等；空基设备主要是飞机搭载的各类大气与云的探测仪等；天基设备主要是观测气溶胶、云和降水的各类搭载于卫星上的传感器。

3.2　主要物理评估方法

3.2.1　地基车载X波段双偏振多普勒雷达观测评估

在人工影响天气作业中，地基车雷达具有机动灵活性，因而得以广泛使用。

1. 观测试验1

具有代表性的观测试验是于2012年1～3月在美国怀俄明州南部马德雷山针对地形云催化实施的。在催化试验阶段，典型的低层气流方向为西南或西，马德雷山上空的云通常含有大量的过冷液水(可利用双频率被动微波辐射计进行观测)。试验中主要观测设备为地基车载X波段双偏振多普勒雷达，其最大有效探测距离为48km，完成一个体扫的时间为10min(一个体扫共有41层，仰角为-1°～85°)。为了便于评估，试验中车载双偏振多普勒雷达设置了控制区与目标区，如图3.1所示。此外，试验中还有探空、声学冰核计数器、机载WCR(Wyoming cloud radar)配合实施观测。

图 3.2 给出了归一化车载双偏振多普勒雷达反射率频率催化时段与非催化时段的差异。由图可知，在控制区，催化时段低层的平均反射率较低[图3.2(a)]，说明这是一次较弱的降水过程；高层的平均反射率则较高，说明自然云的高度在增加。在目标区，低层的平均反射率于催化时段较大[图3.2(b)]，高层的反射率频率差异分布为正值在右边、负值在左边，说明整个天气系统在加强。在近地面处，目标区催化时段反射率在增加(实线值

高于虚线值)，但在控制区并无明显的变化(实线值与虚线值接近)。比较目标区与控制区可知，催化后使得反射率增大，进而促使降水增加。尽管降水的自然变异性较大，研究中观测样本也相对有限，但从物理评估的角度而言，这样的观测结果还是能看到较为正面的催化效果。

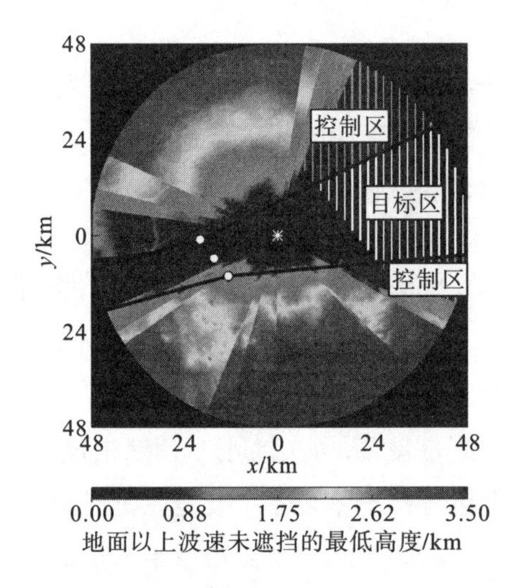

图 3.1 车载双偏振多普勒雷达观测试验中设置的控制区与目标区，及地面以上波束未遮挡的最低高度(Jing et al.，2016)

在试验中，边界层混合是碘化银混合的主要机制，观测试验中自然冰核背景浓度不足 $1L^{-1}$，因此在试验中若观测到冰核浓度超过 $1L^{-1}$，则主要是由于碘化银扩散造成。

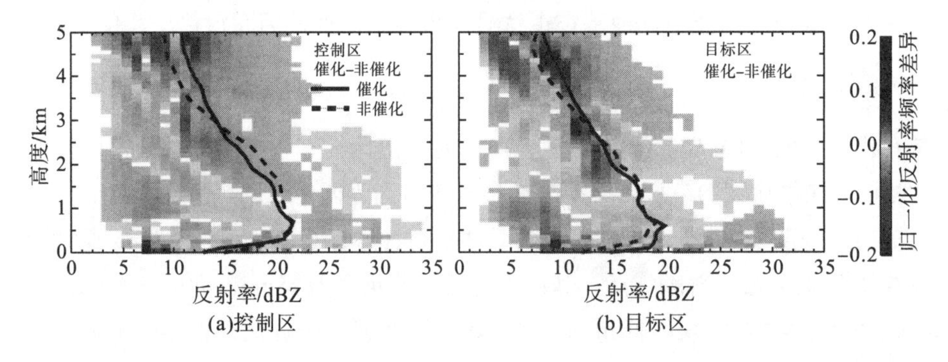

图 3.2 归一化车载双偏振多普勒雷达反射率频率催化时段与非催化时段的差异(Jing et al，2016)

2. 观测试验 2

第二个具有代表性的试验是 SNOWIE(seeded and natural orgraphic wintertime clouds: the Idaho experiment)，即美国爱达荷州冬季地形云催化及自然降水试验，该试验效果物理评估中使用了车载 DOW 雷达。

图 3.3 为催化后 1h 及 1h 28min 的车载 DOW 雷达仰角为 0.99° 的 PPI(plan position indicator）扫描图，在催化之前雷达观测区域内无雷达回波；催化后约 30min 在催化飞机下风方 10km 处出现 15～25dBZ 的雷达回波，这些回波随着环境气流向东北偏东方向移动。催化飞机沿着催化轨迹共重复了 8 次，催化时间为 00:00～01:30 UTC（Coordinated Universal Time，协调世界时），飞行航迹高度为 3.8～4.1km，雷达最大反射率出现在 3km 的高度上。车载 DOW 雷达的观测结果较为直接地反映了催化对云所产生的宏观影响。

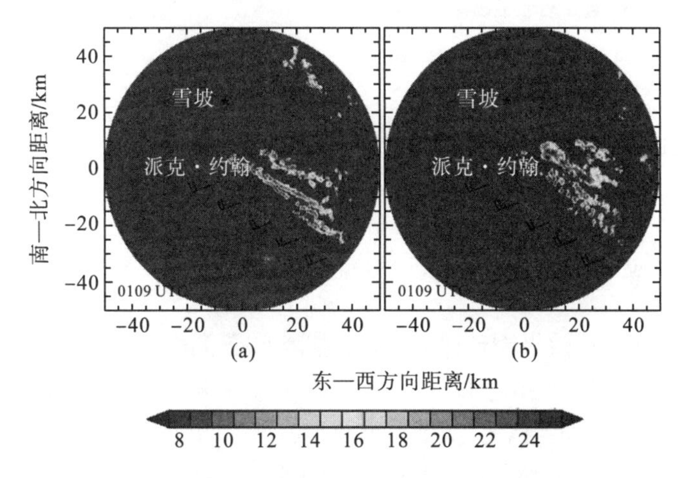

图 3.3　催化后 1h（a）及 1h 28min（b）的车载 DOW 雷达仰角为 0.99°的 PPI 扫描图（Tessendorf and Coauthors，2019）

3.2.2　地基微雨雷达 MRR 观测评估

地基微雨雷达（micro rain radar，MRR）为低功率的频率可以调制的连续波廓线多普勒雷达，其工作波段为 Ka 波段（频率为 24GHz，波长为 1.2cm）。由于其灵敏度较高，可以探测到降水的微小变化，因而在人工影响天气中也会大量使用。

使用地基微雨雷达进行人工影响天气效果物理评估的代表性试验是于 2012 年 2 月 21 日在美国怀俄明州马德雷山实施的地形云催化试验，图 3.4 为地形云催化试验中地基微雨雷达归一化“频率-高度”差异图。试验中较低的地形云分布于马德雷山及其临近区域，高层云则主要分布于其西北方向，试验期间试验区域内发生了小到中等强度的降水。试验期间云中含水量较高（液水柱含量大于 0.2mm），同时云底温度也较低（约为-8℃），这些条件都有利于碘化银活化为冰核。由图 3.3 可知，试验区上游回波分布高度远比下游目标区山顶处的高。下游的 MRR 反射率在催化时段与非催化时段相比，在最低的 1km 内是明显增加的，且平均增幅约为 4dBZ。虽然在上游控制区催化比非催化时段的 MRR 反射率也有所增加，但是下游的 MRR 距离催化点非常近（距离小于 1km），而上游的 MRR 距离催化点则较远（距离约为 6km）。尽管可能在催化区域存在一些小尺度的变化（催化效果相对于上游还有些小），但是 MRR 的观测结果还是可以较好地反映碘化银催化所产生的正向的效果。

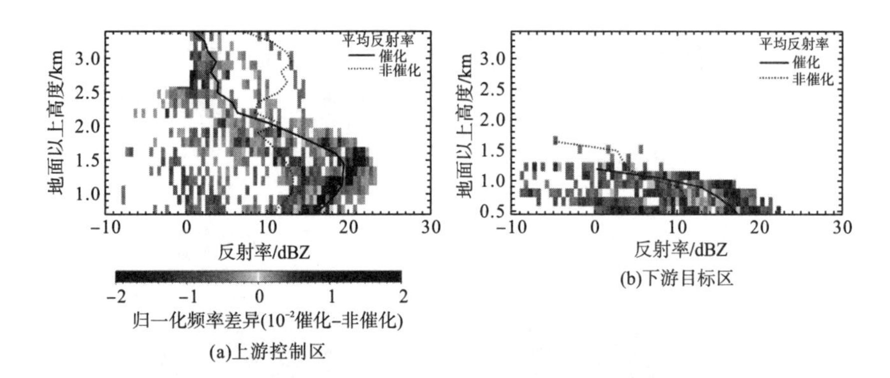

图 3.4 地形云催化试验中地基微雨雷达归一化“频率-高度”差异图，实线为催化时段，虚线为非催化时段(Pokharel et al.，2014)

3.2.3 地基降水粒子谱仪观测评估

在人工影响天气作业效果物理评估中，地基降水粒子谱仪也是主要装备之一，具有代表性的观测试验同样还是于 2012 年 2 月 21 日在美国怀俄明州马德雷山实施的。由于是针对地形云的冬季增加降水的试验，试验中设置于地面上的设备除了有 Parsivel 降水粒子谱仪，还有雪量计。其中，粒子谱仪可以 32 个尺度与 32 个下落末速度分档，给出粒子的浓度分布；尺度分档直径为 0.062～24.5mm，速度分档为 0.05～20.8m·s^{-1}。在试验过程中，降水粒子浓度在催化作业的后半段(00:00 UTC 后)出现了持续时间约 90min 的明显增加，同时与之对应的降雪量也在同一时段呈现增加的特征，如图 3.5 所示，可以较为清晰地看到催化后所产生的降水粒子谱的正向变化。

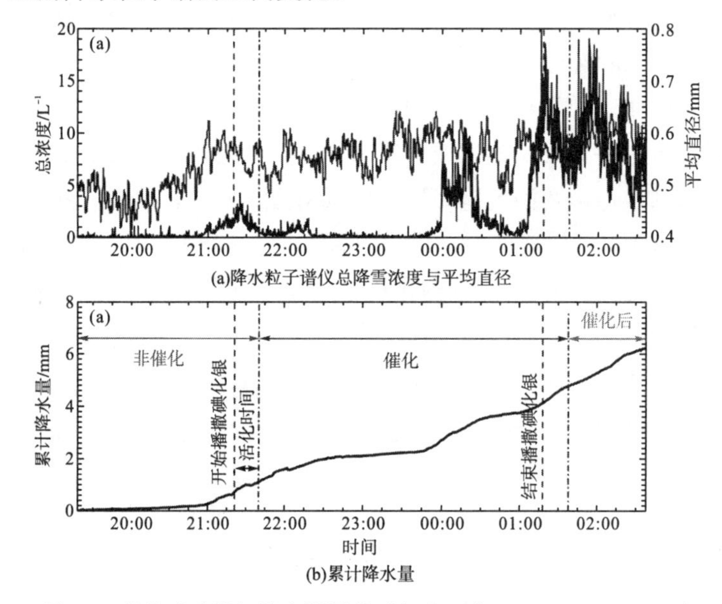

图 3.5 催化试验期间降水测量的时间序列(Pokharel et al.，2014)

3.2.4　空基机载毫米波云雷达观测评估

在人工影响天气作业效果物理评估中，由于空基机载毫米波云雷达可以在空中实时观测催化剂烟羽扩散带来的云和降水的变化，同时也可沿空中催化飞机的轨迹进行抵近观测，因而是一种十分高效的物理评估观测设备。这方面具有代表性的工作是 Chu 和 Caoauthors(2014)利用美国怀俄明云雷达(Geerts et al.，2010)进行的观测试验。试验中空基机载雷达为“空中国王”机载毫米波云雷达，其可以探测地面 30m 以上风暴反射率的垂直结构，以及水成物粒子的垂直速度。在观测研究中，碘化银粒子是从地面释放的，因此雷达的垂直平面扫描则应尽量接近地面。在飞机的飞行过程中，WCR 脉冲宽度为 37.5m，沿着飞行轨迹每 4m 取样一次，雷达的波束宽度为 0.5°～0.8°，其水平分辨率为 10m、垂直分辨率为 40m。飞机自风场“上游”至“下游”沿“之”字形轨迹飞行，以避免飞行过程中产生的冰相粒子对云的“污染”。在飞机飞行观测过程中，地面上配合有被动微波辐射计，通过双微波频率(23GHz 与 31GHz)反演测量液态水柱含量，反演算法是典型的地表气压结合温度与湿度的方法(Ware et al.，2003)。为了直观地分析催化效果，对目标区及控制区在催化与非催化区进行比较，因此分析了 WCR 雷达反射率的“频率-高度”图(图 3.6)(Geerts et al.，2010)。

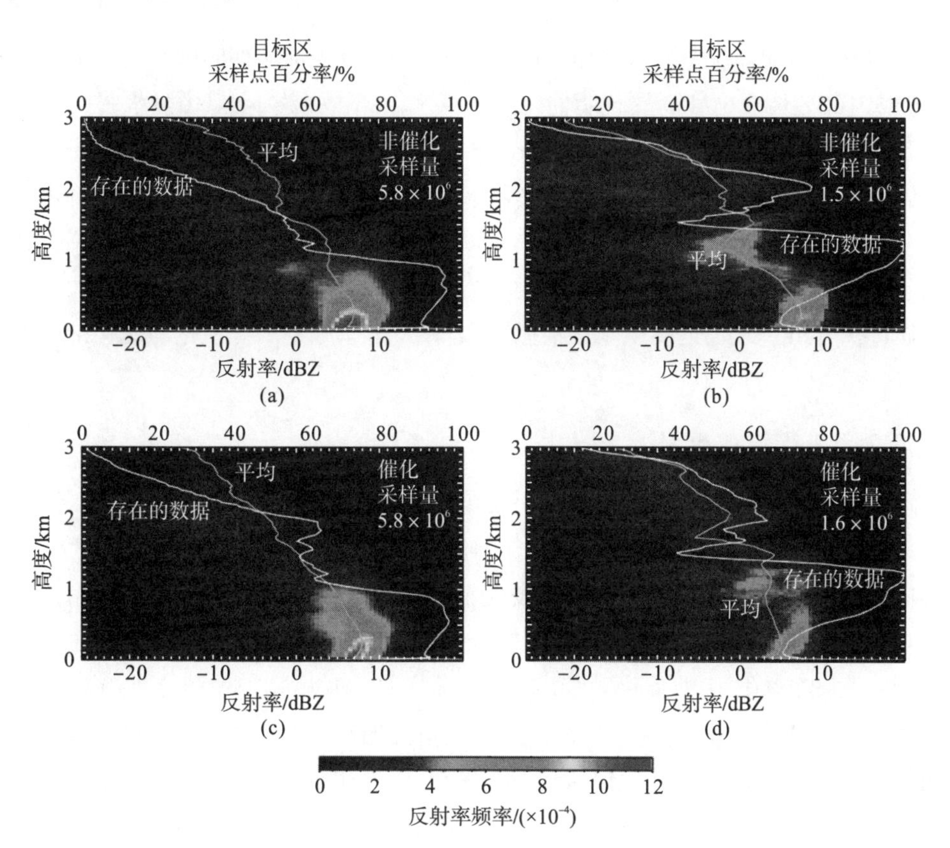

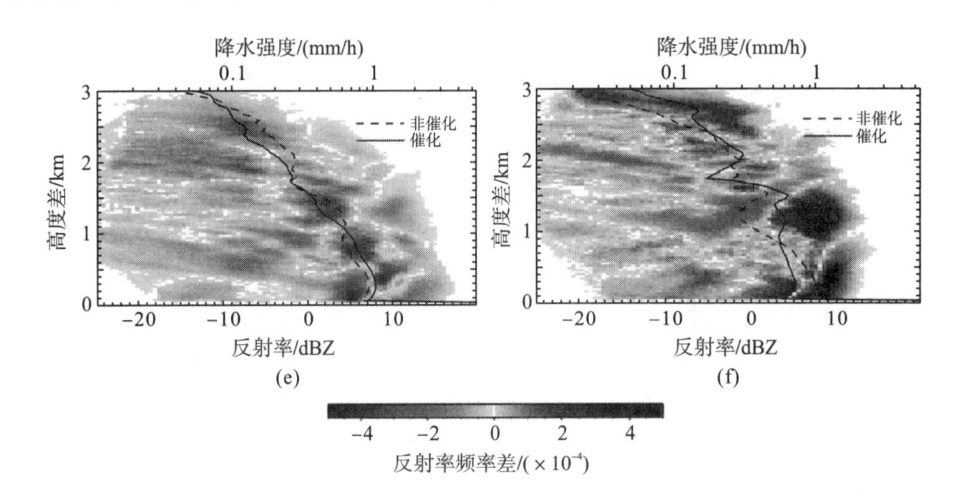

图 3.6 WCR 雷达反射率的“频率-高度”图(Chu and Coauthors，2014)

(a)、(b)、(c)为目标区特征，(d)、(e)、(f)为控制区特征，(a)、(d)为非催化特征，(c)、(e)为催化特征，(b)、(f)为 Z-R 关系得到的降水强度

1. 2009 年 2 月 18 日个例

观测试验是在美国怀俄明州南部的美迪逊弓岭针对地形云催化实施的。具体观测结果如图 3.6 所示，最高的反射率频率在近地面处，表明降水系统发展得较浅；平均反射率亦朝向地面的方向增加，说明降水增加。在目标区 1km 以下催化期间的平均反射率比非催化期间的大 1dBZ[图 3.6(c)]，这说明催化使得降水增加了大约 14%(由降水强度 R 与反射率因子 Z 计算可得，($R=0.39Z^{0.58}$) (Pokharel and Vali，2011)。试验中，飞机观测与地面碘化银催化是“准同步”的。控制区的平均反射率状态与目标区的正好相反，即降水在近地面处是减小的。如果认为目标区与控制区降水的自然变率是一致的，尽管低层降水强度在催化期间较弱，但是通过人为催化的“正向的效果”还是十分明显，这在近地面层表现得尤为明显。在 1km 以上(远离碘化银播撒区域)，反射率频率于非催化与催化期间的差异基本相似。

2. 2012 年 2 月 13 日个例

观测试验是在美国怀俄明州马德雷山实施的，试验中的观测主要包括：探空、WCR 雷达等。

在试验中，地面设置有 3 个碘化银发生器，近地面风可以将碘化银冰核输送进入云中，并与水成物粒子相互作用。风从横切面吹离出来，但从右至左亦有小的气流分量。在图 3.7(a)与图 3.7(b)中非催化时段状态时，多单体已被横切，在图 3.7(c)与图 3.7(d)中催化时段状态时，多单体已被横切。WCR 测量到的对流单体的平均高度为 4.5km，而部分催化时段的单体高度达到了 5.0 km。地面碘化银发生器沿着低层平均风方向排列，在图 3.7(d)中最左边有一个强的深对流靠近碘化银发生器，尽管尚缺乏强有力的证据(模式模拟证实碘化银烟羽已进入单体），但是这间接说明催化增强了对流浮力、上升气流的强度及云顶的高度，这符合动力催化的概念。

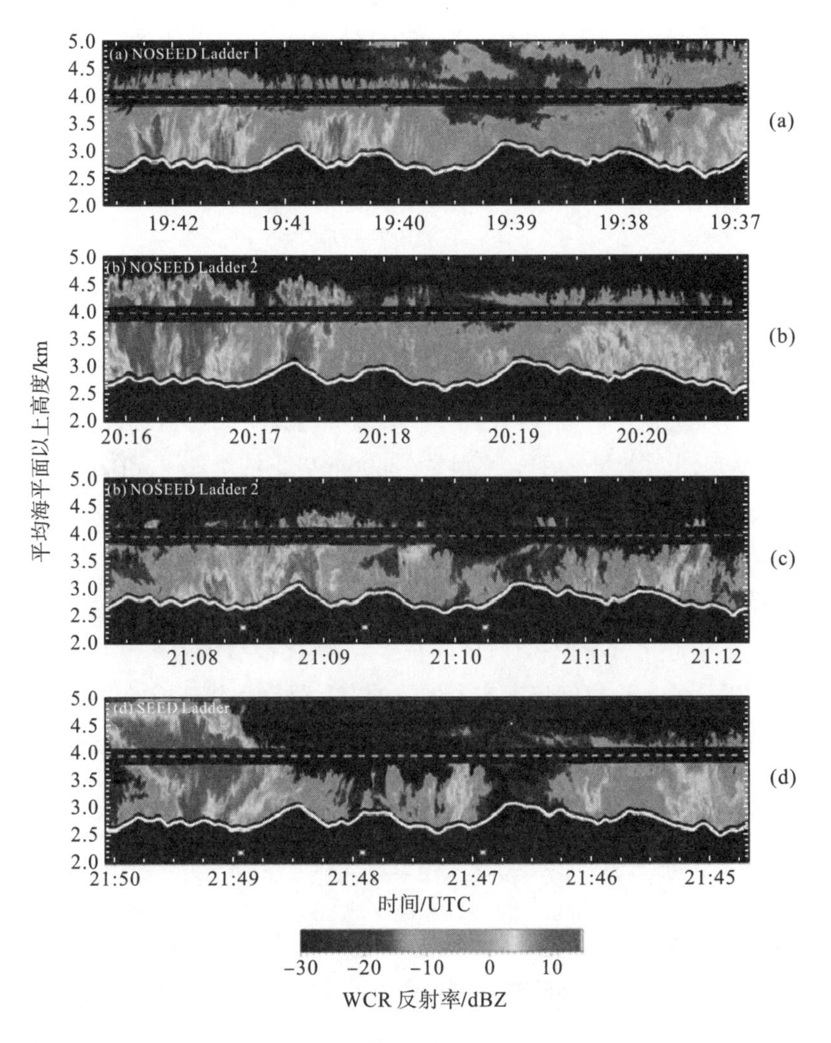

图 3.7　非催化及催化时段 WCR 的反射率因子（Chu and Coauthors，2017b）

(a)、(b)分别为非催化时段观测结果，(c)、(d)分别为催化时段观测结果。

“星号”为地面碘化银发生器所在位置

3. 2013 年 2 月 13 日个例

观测试验与 2009 年的个例相同，同样也是在美国怀俄明州南部的美迪逊弓岭针对地形云催化实施的。在该试验观测中除了主要用到机载 WCR，还用到非相参后向散射极化怀俄明云激光雷达。观测试验中分别设置了非催化时间段（01:50～03:20 UTC）与催化时间段（03:55～05:25 UTC）。

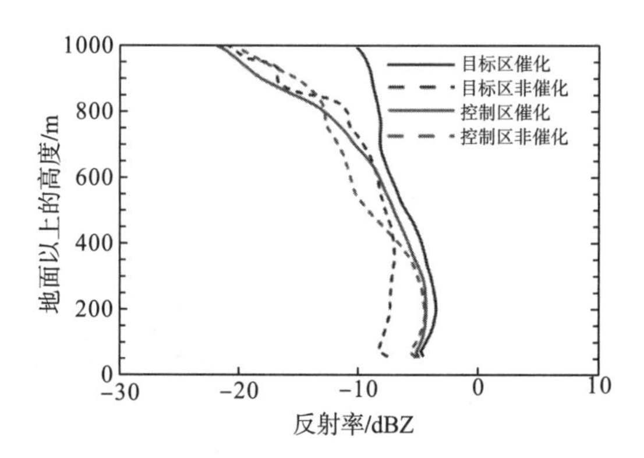

图 3.8 目标区与控制区在催化及非催化时间段内的平均 WCR 反射率(Chu and Coauthors，2017a)

图 3.8 给出了目标区与控制区在催化及非催化时间段内的平均 WCR 反射率，由图可知，比较催化及非催化两个时间段内的平均 WCR 反射率，目标区在催化时段的平均反射率明显增加(去除自然变率部分后)，特别是在 400m 以下约增加了3dBZ，而控制区在飞机整个飞行时段则保持相对稳定。换言之，以目标区反射率因子的变化减去相应控制区反射率因子的变化约为+3dBZ，这可能是由碘化银催化造成的，但也可能是两个区域的系统的自然变化导致的(目标区与控制区的自然变率可能有所不同)，但与之对应的模式模拟则证实碘化银催化明显引起了云中微物理过程的变化，碘化银活化为冰核后消耗了大量云水，进而产生了更多的降水，这也间接证实了催化的有效性。催化造成的 WCR 反射率的增加可能与催化产生更多的冰晶和更大的雪晶有关。如果催化后产生的冰相粒子尺度相对较大(约大于 1mm)，然后与雷达波产生“米散射”，则 WCR 反射率的增加就会受到抑制。

3.2.5 SNOWIE 试验中的地基与空基的综合观测评估

前面主要就人工影响天气作业效果物理评估中地基与空基主要观测评估中各自独立的方法进行了介绍，这里通过 SNOWIE 试验，对其中地基与空基观测设备在催化效果物理评估综合使用方面进行分析。

该试验旨在缓解美国西部地区由于冬季缺乏有效降水造成的对水力发电、农业灌溉、旅游及城市供水等不利的影响。试验采用了一些新的观测及试验方法，进一步推进了对地形云动力学和微物理过程的深入认识，进而有利于解决长期以来对地形云催化有效性难以确定等问题(Tessendorf and Coauthors，2019)。

试验中使用了机载设备(W 波段的 WCR、WCL 激光雷达、Ka 波段廓线雷达)及大气状态(温、压、风、湿)测量传感器与云物理特征[所有的凝结水物质性质、水成物粒子尺度与浓度测量探头]、车载双偏振多普勒雷达 DOW、Ka 波段微雨雷达、雨滴谱仪、雪量计、冰核记数器、空腔气溶胶光谱仪，以及微波辐射计(可测量云中液水柱含量)等。试验中碘化银主要由作业飞机(空中国王 B200 型)释放，以便使碘化银扩散到观测飞机可以测量的高度，碘化银释放方式主要包括机载烟剂燃烧器燃烧释放(每次 4.5min

释放 16.2g 碘化银)与弹射烟剂释放(每 30s 弹射一次，一次释放 2.2g 碘化银，释放后可燃烧 35s)两种。

试验中观测飞机早于催化飞机 30min 起飞，以保证在催化飞机开始作业前，至少完成一次与平均飞行高度层风平行的完整飞行航段。首次航段用以测量自然云特征，并分析在没有催化条件下的空间异质性。催化飞机起飞后，沿着垂直于帕耶特盆地上风方向的“之”字形线路来回飞行并播撒催化剂。在催化剂释放后，催化剂向飞机飞行的下风方扩散；在催化飞机作业时段内，观测飞机沿着其同样的轨迹飞行。催化飞机的作业时间通常为 1～2.5h，观测飞机的飞行时间则达到 3.5h 以上。在催化飞机完成作业后，观测飞机则继续监测催化后云的变化。除了飞机作业，在地面上于帕耶特盆地上风方向的山脊处还设置了 12 个遥控的碘化银发生器(这些发生器每小时可以释放 20g 碘化银)。DOW 在观测飞机升空前 2h 开始工作，一直工作至观测飞机着陆后的 2h。三个探空站在观测飞机升空后每 1～2h 交替释放一次探空。地面 2 个气溶胶测量仪可监测气溶胶浓度及冰核化粒子浓度。此外，帕耶特盆地的雪样还被实时或在催化试验之后收集，以分析其中银元素的存留。

监测因催化作业导致的冰相粒子的产生、增长及形成降水后降落，对催化效果的评估十分重要，SNOWIE 试验之前由于对复杂地形区域测量较为困难，一直没有得到较为充分的观测资料。SNOWIE 试验中更详细的资料得以收集，进而可以更好地分析云和降水粒子在催化后(特别是碘化银活化为冰核形成冰相粒子后)的演变和发展。

在综合观测评估中，车载 DOW、机载 WCR 及主要的机载云微物理(粒子相态、尺度分布、水成物粒子演变及降水发展)等监测设备被用于催化监测，整个催化飞行过程共耗时 75min，催化过程中催化飞机沿着两个航迹来回飞行了 6 次，综合观测如图 3.9 所示。

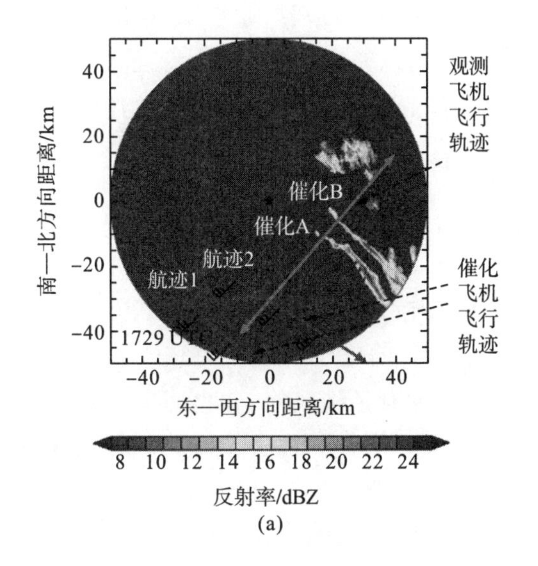

(a)

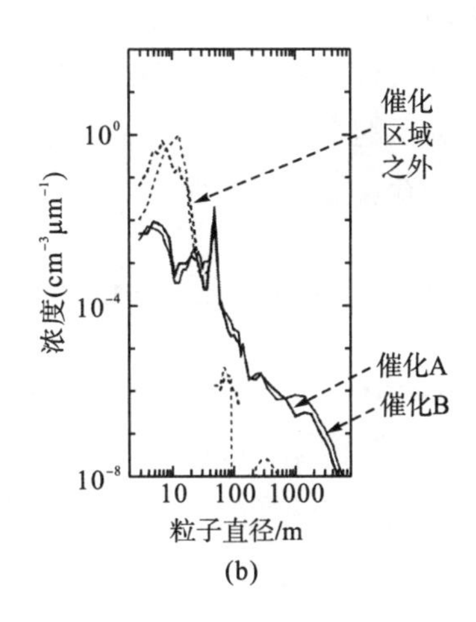

(b)

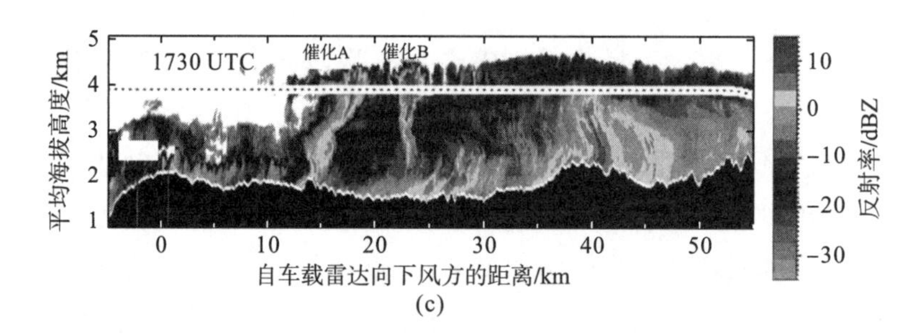

图 3.9 飞机催化后综合观测图(Tessendorf and Coauthors，2019)

(a)为车载雷达于 1729UTC、仰角为 0.99°的 PPI 扫描图(包括观测飞机与催化飞机飞行轨迹及平均风)；(b)为机载云物理探头在催化区域于 17:30UTC 收集的粒子尺度分布(包括催化 A、催化 B，以及催化区域之外的特征)；(c)为机载 WCR 于 17:30UTC 穿过两个催化点反射率垂直剖面(其中虚线为观测飞机飞行的高度，图中黑色部分为地形剖面)。

催化飞机催化始于 16:20UTC，而第二次的催化于 16:50UTC 完成；观测飞机于 1730UTC 经过两个催化点(催化点 A 与催化点 B 在车载雷达的下风方向，分别距其 18km 及 23km)。催化区域雷达的反射率值比周围的大 10～30dBZ。由水成物粒子谱分布可知，在催化区域之外几乎所有粒子的直径均小于 100μm，且主要为液态；而在催化区域内凇附的冰相粒子及其聚合物直径增长至 4mm，而云中的液水含量会降到接近 0。由这些综合观测可以看到(尽管还存在一些不确定性的因素)，催化对于云的宏微观物理过程还是产生了直接的影响，可谓产生了“立竿见影”的效果。

试验中为了规避观测中存在的诸多不确定性，在试验设计上做了一些重要的安排，这主要包括：①将车载 DOW 设置在上风方的山脊顶上，从而避免了复杂地形对于观测的影响；②车载 DOW 平行于平均风向沿着观测飞机的飞行轨迹进行快速的 RHI(range height indicator)扫描，进而可以快速监测云的宏观和微观演变过程；③观测飞机沿着平行于平均风的方向飞行，同时机载雷达做垂直扫描，进而可以完成对云的宏观特征高分辨率及云中水成物粒子的实时监测；④利用飞机进行催化作业，催化剂扩散轨迹较为明确，进而避免了催化中存在的不确定性。

3.2.6 雷达资料在物理评估中的综合应用

如前所述，在人工影响天气作业的物理评估中使用了各类雷达，这些雷达观测结果于非催化时段及催化时段的反射率垂直结构存在明显的差异，造成这些差异的原因，一部分是天气系统的自然变化，而另一部分则是人为的催化所造成的。一些目标区天气系统的自然变化，可以通过对比分析同一时间段控制区的变化趋势被去除掉。为此，Pokharel 等(2014)定义了雷达反射率影响参数(ZIP)，即下风方催化区的平均反射率变化(催化时段的值减去非催化时段的)与上风方控制区的平均反射率变化(催化时段的值减去非催化时段的)，利用下式进行计算。

$$\mathrm{ZIP} = \Delta \mathrm{d}BZ_{\mathrm{T}} - \Delta \mathrm{d}BZ_{\mathrm{U}} \tag{3.1}$$

式中，$\Delta dBZ = dBZ_S - dBZ_N$，下脚标 S 与 N 分别为催化时段与非催化时段，下脚标 T 与 U 分别为上风方与下风方。

由于雷达的反射率因子 $Z(mm^6 \cdot m^{-3})$ 与降水强度 $R(mm \cdot h^{-1})$ 有很好的相关性，人工增加降水催化作业关注的是催化作业后对降水强度的影响，因而 Pokharel 等(2014)还定义了降水影响因子，即上风方降水强度 R 的相对变化(催化时段相对于非催化时段的变化)与下风方降水强度 R 的相对变化，计算公式如下式：

$$\mathrm{PIF} = \frac{R_{\mathrm{S,T}}}{R_{\mathrm{N,T}}} / \frac{R_{\mathrm{S,U}}}{R_{\mathrm{N,U}}} \tag{3.2}$$

假设 Z-R 可以表示为

$$R = aZ^b \tag{3.3}$$

式中，a、b 为常数，则有

$$\begin{aligned}\mathrm{ZIP} &= \left(10\log_{10} Z_{\mathrm{S,T}} - 10\log_{10} Z_{\mathrm{N,T}}\right) - \left(10\log_{10} Z_{\mathrm{S,U}} - 10\log_{10} Z_{\mathrm{N,U}}\right) \\ &= \frac{10}{b}\log_{10}\left(\frac{R_{\mathrm{S,T}}}{R_{\mathrm{N,T}}} / \frac{R_{\mathrm{S,U}}}{R_{\mathrm{N,U}}}\right)\end{aligned} \tag{3.4}$$

则有

$$\mathrm{PIF} = 10^{(b \times \mathrm{ZIP})/10} \tag{3.5}$$

因此，ZIP 与 PIF 的关系只与 b 有关，b 越高(约为 0.7)，降水对于反射率的敏感性就越高。通常于地面以上 600m 高度以内，ZIP 的值更可能是因催化所引起的。

3.2.7　地基与空基声学冰核计数器的观测评估

尽管在人工影响天气效果物理评估中，对于云和降水演变特征监测是主要的观测内容，但是从云微物理的角度而言，对于催化后碘化银粒子活化为冰核的特征(地基与空基观测)亦是十分重要的物理评估信息。

声学冰核计数器(acoustic ice nucleus counters，AINCs)最初是由 Langer 发明的(Langer，1973)。工作时，“样气”以大约 $10L \cdot min^{-1}$ 的速率被抽入装有 AINCs 的加湿器中，同时 NaCl 云凝结核(CCN)的侧气流在进入云室之前被加入湿空气。如此一来，“样气”被添加了水汽和 CCN 后，流入温度保持在-20～-18℃的过冷云室，在云室中冰核被活化后形成冰晶，进而增长至直径大约为 20 μm 可识别的尺度。当冰晶通过玻璃制的“文氏管”离开云室底部时被快速加速，同时产生“咔嗒声”，该声音同时被一个连接有电信号处理器的麦克风记录下来。每一次有效的计数将触发一个晶体管逻辑信号，并传送至数据系统进行实时记数、显示，进而以 1Hz 的频率进行存档。通常云室的温度对于碘化银粒子核化形成冰晶，进而增长为冰相粒子已足够低了(碘化银粒子在-8℃就可以被活化)，活化后的冰晶在通过传感器离开云室之前，有足够的时间增长至可识别的尺度。多数的自然冰核只会在更冷的温度条件下才会被活化，但是在 AINCs 云室中一般没有时间增长至可以识别的尺度。

试验在美国怀俄明州中南部的美迪逊弓岭及马德雷山实施，其地基 AINCs 工作温度为-20℃，空基的工作温度为-20～-18℃。在试验个例中，自然冰核的背景浓度值很低(不超过 $0.1L^{-1}$)。AINCs 云室需要较高的液滴浓度，以增加在云室中有限停留时间内(通常为1min)碘化银粒子的核化及冰晶增长的效率；云室中液水含量在其顶部入口处约为 $1.5g\cdot m^{-3}$，在其底部出口处约为 $2gm^{-3}$，液滴浓度为 3×10^4 ～ $8\times10^4cm^{-3}$。

1. 地面冰核检测

在目标区距离雨量计约 1km 的范围内设置 AINCs，检测催化作业期间上风方释放的碘化银活化为冰核的烟羽。在初始的试验设计中要求在各催化个例之间设置 120min 的非催化“缓冲期”，以允许残留的冰核从目标区沉降完毕。当在地面的采样点没有采到碘化银冰核时，可能是因为碘化银核化后被清除，并随自由空气转移远离地面检测点。此外碘化银也可能在地面检测点上方飘过目标区。

图 3.10 为美迪逊弓岭催化试验中地面检测点检测到典型的催化作业后冰核浓度变化，由该图可知在催化 1h 后，冰核浓度呈现快速的增长，但在催化 2.5 h 后开始减少，在 4h 又增加。虽然这种地面目标区内的检测仍然存在着较大的不确定性，但是催化作业带来的冰核浓度的直接变化还是十分明显的。

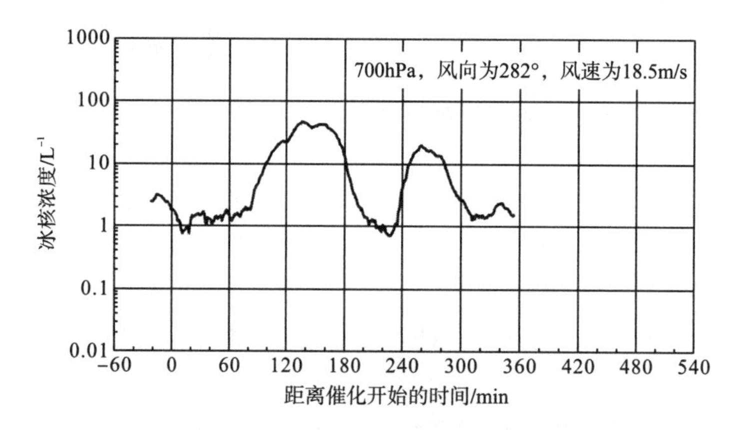

图 3.10 美迪逊弓岭催化试验中地面检测点检测到的地面各点释放碘化银催化作业后冰核浓度变化(Boe and Coauthors，2014)

2. 空基冰核检测

将 AINCs 搭载于飞机上同样可对冰核进行实时的检测，搭载飞机为风笛手夏延 II 型飞机，机载设备的观测要素还包括定位、空速、风向、风速、温度、露点温度、云水含量，其中冰核数据每秒记录一次。对在实际催化过程中的冰核进行检测时，通常会面临强对流系统(有些状态下，尽管没有云，但流场状态接近强对流)，或者群山被地形云所笼罩(飞机只有尽可能地降低飞行高度才能够检测由地面释放的碘化银烟羽形成的冰核)，然而在这两种情况下，由于飞机飞行存在安全隐患而变得不可行。尽管冰核的采样是连续的，但是设备在对样本的处理过程中存在一定的滞后性；每个冰核先要进入 AINCs 的云室，然后核化为冰晶，直至增长至可被辨识的尺度，这个过程最快需要 25s(在高冰核浓度的条件下)，但平均也需要 80s((Heimbach et al.，1977)。另外，当过多的冰核被活化后，飞机每 5min 需要飞离碘化银冰核烟羽，以便对 AINCs 云室进行“清洁”，这会造成对烟羽边界确认的不确定性。为了有效地进行检测，避免太阳辐射的影响，观测飞机需在云的中上层飞行。

2011 年 2 月 16 日实施冰核的飞行检测，在观测时间段内大气从地面到山顶为“近绝热”的混合层，云以层积云为主，飞机观测中会受到湍流的影响。

图 3.11 给出了 2011 年 2 月 16 日地面检测冰核浓度及飞机 8 次检测中 10s 平均的冰核浓度最大值。地面在观测初期出现了 10～20L^{-1} 的冰核浓度值，紧接着便降低至背景值，在这之后(催化后 120min)开始迅速增长，直至催化 220min 才由超过 100 L^{-1} 的峰值开始降低。在飞机检测到的 8 个平均值中，有 5 个远大于地面的检测值。机载 AINCs 检测条件比地面的稳定，其保持在有过冷云的高度上飞行。飞行检测中，AINCs 云室的工作温度接近-20℃，而云的催化的典型温度接近-10℃，因此 AINCs 可以保证检测的有效性。在检测中约有 85%的冰核是源于地面碘化银发生器活化后形成的冰核。

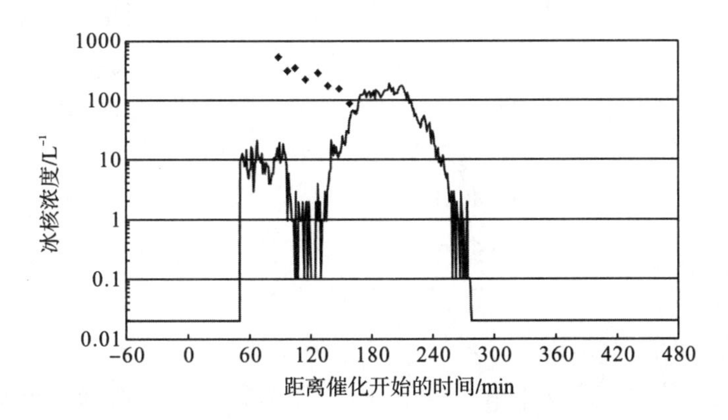

图 3.11　2011 年 2 月 16 日地面检测冰核浓度(在地面释放碘化银粒子 55min 之后)及飞机 8 次检测中 10s 平均的冰核浓度最大值(棱形点)(Boe and Coauthors，2014)

3.2.8　天基卫星的观测评估

天基卫星观测可以在更大的尺度上对人工影响天气作业的效果进行直接的印证。2000 年 3 月 14 日在华中地区进行了一次飞机催化作业，飞机的催化作业飞行高度为 4000～4350m，分析中使用的观测设备为搭载于 NOAA-14 上的增强超高分辨率辐射光度计，其输出主要资料为高分辨率图像传输资料。由于催化飞机是自东向西飞行，催化轨迹呈现右侧早于左侧(图 3.12)。

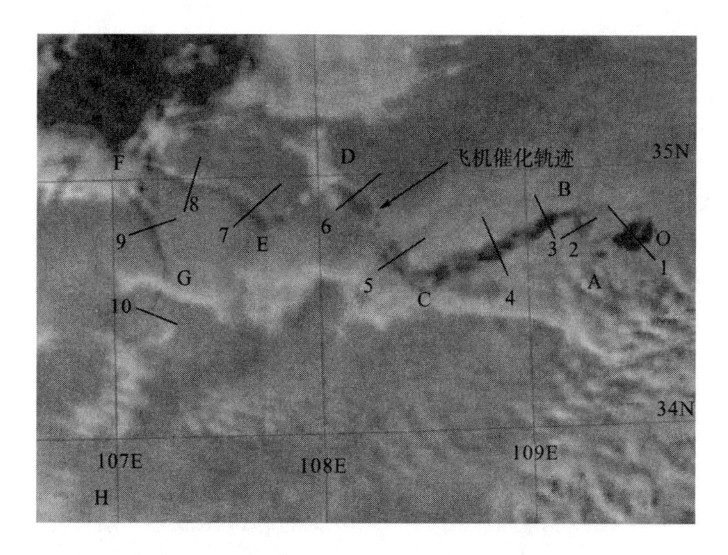

图 3.12 NOAA-14 上搭载的 AVHRR 对于 2000 年 3 月 14 日 07:35 UTC 在中国华中地区飞机人工影响天气作业中播撒轨迹的可见光微物理再现(Rosenfeld et al.，2005)

图 3.12 中，人工影响天气作业飞机的飞行轨迹十分明显，其嵌于环境过冷云中，飞机上升到图中 O 点(4000m)盘旋并准备开始催化作业；催化作业始于图中 A 点，然后沿“之”字形轨迹向西飞行，飞行轨迹的拐点依次标记字母 B～H。飞机催化起始点早于卫星飞过的时间 80min，而在卫星飞过 15min 后催化飞机到达 H 点，飞机自 A 点飞行至 H 点共耗时 66 min，消耗碘化银 880g，播撒率为 $0.222g \cdot s^{-1}$，飞机作业时，飞机以下云的厚度为 0.8～1.3km。播撒环境云的有效半径为 10～15μm，云顶温度为-17～-13℃，云顶水成物粒子为过冷液滴及冰相粒子的混合物，但综合分析发现环境云中以过冷液滴为主(只含有少量的冰相粒子)。催化作业飞机装备有云物理探头，在飞机的催化轨迹(催化后 22min 出现)中，水成物以冰相粒子为主，这表明催化后的云中过冷液滴可转化为冰相粒子，并可最终转化为降水粒子降落至地面，并进而降低云顶高度(由于云失去水分并降落至地面)。

图 3.13 为催化飞行 A 至 B 的第“2”段催化轨迹截面云微物理特征，由该图可知，3.7μm 通道的反射率的减小反映了人工冰核核化大量地发生，并且已经达到了卫星辐射光度计可以识别的程度，随后云顶高度开始下降(云顶亮温开始增加)，这一状态一直持续到向南飞行的 G 点。云顶温度的增高始于催化之后的 27min，或者卫星监测到人工冰核开始起作用的 5min 之后。伴随人工冰核开始起作用的是 12.0 μm 与 10.8 μm 亮温差的增加，这为云水凝结产生有效降水提供了条件，亮温差的这种变化表明云的光学厚度在减小，这是由于大量的过冷云水在有更少的相对大的冰晶存在的条件下消失造成的，其与给定水柱的光学厚度减小有关。尽管亮温差在增大，但是 0.6 μm 通道的反射率却没有完全减小，反而是有所增大，这表明云此时还是很厚，且云中含有不同类型的水成物粒子。事实上，中等大小的亮温差与高的可见光波段的反射率是成熟降水冷云的主要特征。冰核核化将会释放潜热，并使飞机飞行轨迹内的空气上升，形成由过冷小液滴组成的云迹。由于环境云顶部从侧面相

内部挤压，因此成熟的催化轨迹通常较窄，且最终会消散。组成的冰核核化催化轨迹的顶部冰相粒子最终会因重力下降，但是暖的空气会上升，并在催化轨迹的中间形成新的云体。

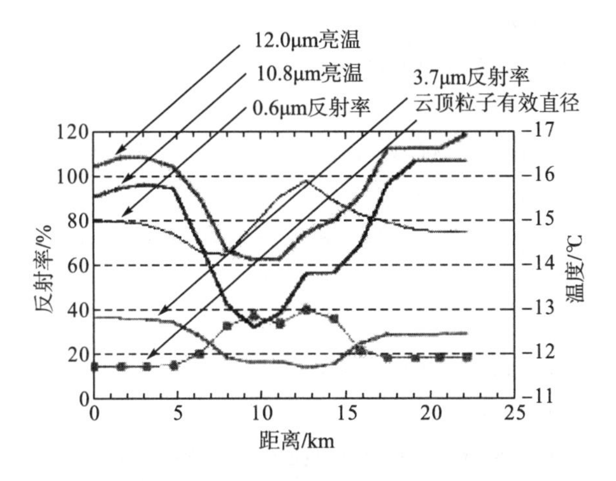

图 3.13　催化轨迹截面云微物理特征(Rosenfeld et al.，2005)

催化飞行 A 至 B 的第“2”段，主要包括 10.8μm 与 12.0μm 通道的亮温、0.6μm 与 3.7μm 通道的反射率、以及云顶粒子有效直径

3.3　小　结

在人工影响天气作业效果评估中，物理评估是较为有效的方法之一。尽管从目前各国研究的结果来看，试验设计各不相同，一方面有些目标区和控制区(在考虑了流场分布之后)设计得较为合理，有些目标区和控制区可能会出现相互干扰，进而无法排除“催化剂污染”的影响；另一方面试验所涉及的天气过程都或多或少存在着自然的演变，在目标区与控制区中可能不能很好地去除这种自然的演变，但是，地基、空基及天基设备的观测结果还是起到了“所见即所得”的作用，这些设备在各试验中的有效观测都为人工影响天气效果的物理评估提供了有力的证据。

参考文献

Boe B A,Coauthors, 2014.The dispersion of silver iodide particles from ground-based generators over complex terrain. Part I: Observations with acoustic ice nucleus counters[J]. J. Appl. Meteor. Climatol., 53:1325-1341.

Chu X,Coauthors, 2014. A Case study of radar observations and wrf les simulations of the impact of ground-based glaciogenic seeding on orographic clouds and precipitation. Part I: Observations and model validations[J]. J. Appl. Meteor. Climatol., 53:2264-2286.

Chu X, Coauthors, 2017a.A case study of cloud radar observations and large-eddy simulations of a shallow stratiform orographic cloud, and the impact of glaciogenic seeding[J]. J. Appl. Meteor. Climatol., 53:1285-1304.

Chu X,Coauthors, 2017b.Large-eddy simulations of the impact of ground-based glaciogenic seeding on shallow orographic convection:

A case study[J]. J. Appl. Meteor. Climatol., 56:69-84.

Geerts B,Miao Q,Yang Y,et al.,2010.An airborne profiling radar study of the impact of glaciogenic cloud seeding on snowfall from winter orographic clouds[J]. J. Atmos. Sci., 67:3286-3302.

Heimbach J A,Super A B,McPartland J T,1977.A sug-gested technique for the analysis of airborne continuous ice nucleus data[J]. J. Appl. Meteor., 16:255-261.

Jing X,Geerts B,Boe B,2016.The extra-area effect of orographic cloud seeding: observational evidence of precipitation enhancement downwind of the target mountain[J]. J. Appl. Meteor. Climatol., 55:1409-1424.

Langer G,1973.Evaluation of NCAR ice nucleus counter. Part I: Basic operation[J]. J. Appl. Meteor., 12:1000-1011.

Pokharel B,Vali G,2011. Evaluation of collocated measurements of radar reflectivity and particle sizes in ice clouds[J]. J. Appl. Meteor. Climatol., 50:2104-2119.

Pokharel B,Geerts B,Jing X,2014.The impact of fround-based glaciogenic seeding on orographic clouds and precipitation: A multisensor case study[J]. J. Appl. Meteor. Climatol., 53:890-909.

Rosenfeld D,Yu X,Dai J,2005.Satellite-retrieved microstructure of agi seeding tracks in supercooled layer clouds[J]. J. Appl. Meteor. Climatol., 44:760-767.

Tessendorf S A,Coauthors, 2019.A transformational approach to winter orographic weather modification research: The snowie project[J]. Bulletin of the American Meteorological Society, 100:71-92.

Ware R,Solheim F,Carpenter R,et al.,2003.A multi-channel radiometric profiler of temperature, humidity and cloud liquid[J]. Radio Sci., 38.

第 4 章　人工影响天气效果模式评估方法

在人工影响天气效果评估方法研究发展过程中，与第 2 章和第 3 章所述的统计评估与物理评估相比，模式评估方法具有独特的试验可控制性、可重复性、控制试验与敏感试验易操作性等特点，因而也是一种重要的方法。

4.1　引　　言

为了更加有效地开展人工影响天气工作，高效的效果评估工作是不可缺少的。对催化效果的评估通常较为困难，其主要的原因有 4 个：①催化信号较弱，在剧烈变化的自然云中很难探测到；②云的催化效果在时空尺度与催化作业存在明显的差异，对于动力催化效果尤为如此；③在可控的环境中可重复的真实催化活动是不可能的；④针对云催化效果评估所实施的随机试验的成本高昂。

人工影响天气效果评估通常通过物理评估及统计评估实施(Bruintjes，1999)。物理测量旨在验证导致降水形成的人工影响天气链式反应各关键环节的物理依据，包括在催化区域检测从地面发生器释放的碘化银烟羽，检测催化后的冰晶与雪板浓度，并检测地面雪板中的碘化银。以前很多试验都已证实碘化银的释放与云中微物理特征的变化是相关联的(Super，1999；Huggins，2007)，并在相应目标区的积雪中检测到银离子(Warburton et al，1995)。Geerts 等(2010)在美国怀俄明州利用高分辨率垂直指向的机载毫米波多普勒雷达对 7 个个例进行了冬季冷云催化效果的检验，通过分析可知，近地面反射率的增加是碘化银催化的结果。

统计评估涉及由催化活动导致的地面降水变化的测量，通常需要有设定的目标区及控制区；催化试验中通常采用随机催化技术，这在冬季地形云催化试验中尤为如此(如 2005～2006 年在澳大利亚东南部冬季进行的增雪试验，试验中催化效果虽为正，但并不具有十分显著的统计意义。

除了物理评估及统计评估，数值模式也是效果评估中的重要工具，数值模式可以用来在催化试验中选取个例及确定具有潜力的催化区域。例如，在美国怀俄明人工影响天气试验中，将一个定制的实时四维数据同化版本的 WRF(weather research and forecasting，气象研究与预报)(Liu and Coauthors，2008)用于试验天气及碘化银播撒轨迹的预报，预报结果可以较好地指导催化试验。

针对云的数值模拟几乎与现代意义的云催化作业是同步发展的，在这个发展过程中出现了不同类型的模式及理论，这些模式可以用于分析云催化的效果。聚焦于云催化的人工影响天气理论的发展主要有赖于基于外场试验的云模式及粒子增长模式的开发与应用。

众所周知，现代人工影响天气源于20世纪40年代，其标志就是Schaefer(1946)发现了干冰的冰核化能力。此后，Kraus and Squires(1947)发现在云中利用干冰进行催化可以获得惊人的效果。而人工影响天气中模式的应用则要推迟到20世纪50年代，Saunders(1957)指出在云的热动力过程中，液相及冰相过程存在明显的差异，同时负荷对于气块浮力也有一定的影响。最初的云模式是由Malkus and Witt(1959)发展的，其模式中无凝结，也无云催化的模拟，只是一个最简单的气块模式，直到5年后Orville(1964)才发展出了多维的随时间演变的云模式，该模式可模拟云的动力及微物理过程，并可与实际观测情况进行对比。

4.2 人工影响天气模式评估主要使用的模式

4.2.1 云的数值模拟

近年来，学术界对于云的数值模拟已取得了长足的进步，如三维中尺度气象研究与预报模式，可以将整个云系统嵌套在大尺度的流场中，且具备较为完善的云物理参数化过程。这类模式可以输出各类详细的预报场，由于模式是多重嵌套的，可以对小网格进行大涡模拟，模式多数包括“多参”或分档微物理方案。通过将模式与积雪、融雪和径流模式相结合，可以进一步提高其模拟功能，进而可对季节尺度的催化效果进行评估。

1. 对云中微物理过程的模拟

对于人工影响天气而言，云微物理参数化可直接影响数值模拟催化效果的准确性，因此至关重要。各种云微物理参数化方案可被耦合到非静力模式中，其中在云微物理参数化方案中，水成物粒子被明确地分类，每类的尺度分布又由反指数函数或伽马函数所代表，每类的水成物粒子的总质量、总数浓度，或雷达反射率均可由模式模拟。

由于分档参数化方案得以应用，水成物粒子尺度分布的变化可以被详细地模拟出来，具体为每一类水成物粒子被分为多个档、每类水成物粒子的每个档中水成物粒子数浓度(单参方案)或水成物粒子数浓度与质量(双参方案)可由模式计算。这样的模式可模拟液滴核化、环境气溶胶中的冰相粒子核化，以及接近真实污染环境中云的演变。此外，通过不同冰核核化的冰相粒子均在模式中得以考虑，一些微物理模式还对气溶胶粒子进行了相应的分档(Flossmann and Wobrock，2010)。

云模式的不确定性表现在模式对于不同的参数化方法过于敏感，模式之间的相互比较有助于解决此类问题，而对地面观测资料的分析亦可以对模拟的过程进行相应的验证。

2. 催化模拟

云模拟的关键假设是催化剂粒子在云中的作用超过了自然气溶胶粒子的作用，但是多数的数值模式在计算液滴及冰相粒子核化时并未考虑环境气溶胶粒子的状态，事实上自然气溶胶粒子与催化剂粒子在云中存在着竞争关系，因此这一缺陷限制了云的催化模拟。

模拟以干冰及碘化银为催化剂的催化试验已广为开展，但对于液态二氧化碳的数值模拟仍存在较大的不确定性(Geresdi et al.，2017)。此外，目前模式中的碘化银催化方案是由 20 世纪 90 年代的试验结果设定的，没有将最新的研究结果融入其中，如方案中没有考虑冰核也可以转变为云凝结核。

通过对数值模拟结果分析发现，吸湿性粒子需比微米大一个数量级才可以有效地产生雨滴(Segal et al.，2004)。对于暖云施以盐微粒催化通常比以吸湿性烟剂催化更有效(Kuba and Murakami，2010)，但是吸湿性催化的效果又与云类型及催化剂物质类型有关，目前尚缺乏模拟结果的一致性。模式中的催化方案应当考虑通过吸湿性烟剂燃烧产生云凝结核与冰核的能力，以及盐微粉中抗结块剂的性能。此外由于模式的分辨率尚不够精细，播撒的催化剂浓度会被高估，而在引入大涡模式后，这些问题部分得以解决。

由模式的研究可知，通过催化达到人工增加降水的目的是可行的，而最优的催化粒子的使用量及尺度受云雾中初始液水含量、云雾层高度、对流及湍流强度、液滴尺度分布等影响。

4.2.2　云模式在人工影响天气中的应用

1. 可催化性的评估

人工影响天气中的云模式最初是用来验证云催化假设的。模式的发展也经历了从一维到多维的转变。对于云的催化潜力的评估，即给定区域云或一类云的可催化性，通常也指通过适当的催化剂(暖云或冷云催化剂)催化后云产生降水的潜在能力(Young，1993)，有时就是特指云催化后的额外垂直生长。云模式中涉及探空资料应用，其可以讨论云在催化后微物理及动力过程之间的相互作用。事实上，催化后原本有利于催化的微物理条件，在与云动力过程相互作用后，会向不利于催化的方向转变。因此，可催化性只是一个相对模糊的概念。

2. 依赖模式的人工影响天气作业决策

发展更成熟的云模式，从而可以定量地评估催化条件及催化效果，数值试验就显得尤为重要。通过适当的数值试验，可以优化催化试验设计，进而可以回答催化试验中在何处催化、何时催化，以及进行多大量的催化等问题。通过数值模式可以预测云的类型、云的发展、催化后云的反应，以及云的其他物理特征量。在实际催化作业之前，利用模式进行催化与非催化的对比试验，可以定量地预判催化效果。

云模式可用于评估外场试验，特别是对于试验中催化后如云增长程度及首次回波出现时间等要素的评估，同时通过模式可以对适于催化的云过程进行分类，并对相应的资料进行分层整理。云模式的应用还有利于在催化及非催化条件下对于降水过程的理解。学术界就云催化的动力及微物理效果的研究已开展了较长的时间，但是并没有取得令人满意的成果，许多问题仍然是悬而未决：催化后的效果有时很难从云的自然变化中分离出来。尽管如此，云模式还是能够讨论很多复杂的问题，特别是如在过饱和及过冷的环境条件下冰晶异质核化后的繁生机制、依赖环境条件的粒子运动轨迹、在冻滴周围以及在霰和冰雹尾迹中过饱和度的演变、水成物粒子随环境要素变化的增长特征，以及水成物粒子由水汽扩散增长转变为凇附增长的机制等。云模式不可能完整地模拟催化与非催化的详细过程，特别是云模式中缺乏相应的中尺度因素，而其对微物理过程的影响也是十分重要的。

3. 基于人工影响天气的云模式发展过程

与人工影响天气有关的云模式主要包括零维(0D)、一维(1D)、二维(2D)及三维(3D)模式，其中模式的性质包括随时间依赖(time depended，TD)模式及定常(steady constants，SC)模式。不同的模式按照自身的特点可能耦合或者不耦合微物理及动力过程。一些模式中虽然没有详细考虑动力过程，但是微物理却有较为细致的过程耦合于其中。事实上，天气系统中微物理、热动力及动力过程是相互作用的。

0D 模式，通常也被称为“箱模式”(Elliott，1981)，这一模式主要聚焦于云团中单个粒子或粒子群的发展特征，可以模拟云中降水的形成过程。

1DSS(一维定常)模式，有时也被称为“棍子模式”，这是因为只提供了垂直方向上的解决方案，该模式中耦合了微物理及动力过程，其中还有一些只使用了固定的流场，并没有真正耦合动力过程(Young，1977；Vali et al.，1988)。该模式不仅可以给出降水的基本发展过程，同时还可以给出云顶高度及最大垂直速度等基本动力学参量，事实上，利用模式输出的云顶高度结合雷达观测资料可较好地反演降水。

1DTD(一维时间依赖)模式，在这种模式中，时间作为独立的变量是可以累加的。Nelson (1971)考虑了云和降水详细物理过程的模式，即典型的 1DTD 模式，该模式主要是针对热带积云开发的，物理过程不涉及冰相水成物的形成。

2DSS(二维定常)模式，在这种模式中，空间维度作为独立的变量被加入其中，该模式没有耦合详细的微物理及动力过程。Young(1977)的模式考虑了冰相粒子的微物理过程，模拟了地形云的催化，通过在迎风坡上游催化后，下游的降雪增加了。

2DTD(二维时间依赖)模式，模式可能呈轴对称或板对称，且为完全耦合模式。多数催化模拟试验是通过板对称模式实施的。模式模拟结果表明，冰晶数浓度对于降水量及降水率的影响明显(Orville and Kopp，1990)。

3DTD(三维时间依赖)模式，该模式是随时间推移发展的产物。Fritsch(1986)率先建立了三维催化云模式。Anthes(1977)利用中尺度模式研究还曾指出，良好规划的条状农业用地还可以产生良好的中尺度环流，并增加该地区的降水量。Levy 与 Cotton(1984)利用 3DTD 模式通过模拟，清晰地得到催化增加的冰晶释放了潜热的效果，进而验证了动力催化假设，同时研究表明上升气流的强度最大的增幅达到 10%～20%。

4. 理论发展

1) 动力催化效应

Kraus 与 Squires (1947) 的观测得以被模拟；最初的云催化理论是基于过冷液水冻结，并快速或同时释放潜热而增加云的浮力。其他的效应是与下沉气流相联系的。时间依赖模式的研究表明在温度相对高的上升气流中的过冷液水不可能在短时间内完全冻结 (Orville and Chen，1982)。在水成物粒子增长过程中，过冷液水冻结会释放所有的潜热，这也属于间接催化效应。一维定常模式中热效应通常被夸大了；二维时间依赖模式中所有的液态云水直接冻结是十分困难的；三维时间依赖模式没有完全反映中间层的潜热释放可以通过压力变化传输至低层，进而改变云中环流的物理过程。Orville 和 Kopp (1990) 的研究结果表明，单体于云砧的自然催化可导致更多的单体发展，此外卷云中的冰晶也可以播撒至对流云中，进而延长对流的发展过程，这也间接证明人为催化也可以达到这样的催化效果。潜热释放及降水的实际发生都会影响上升气流的强度。

2) “干”云及“湿”云的动力催化

“干”云指的是每千克空气中液态水为 0.1g 或更少。在对“干”云与“湿”云催化时都涉及云中动力特征的变化。值得注意的是，对“干”云催化产生的热量可能比预先设想的要多，而对于“湿”云催化产生的热量可能比预先设想的少。Fukuta (1973) 详细分析了云中冰晶形成的过程，并对“冻结”与“冰晶化”给出了相应的定义，其研究结果还表明在该过程中存在明显的热量与质量的传输；即使在相对较干的环境中，由于热量的传输将会促进对流的发生；就对流云及层云而言，其对于催化的响应会存在较大的差异。

3) “静力”催化

与“动力”催化相反，“静力”催化聚焦于如何影响云中的降水。然而，多数的研究结果表明云中水汽的重新分布将会影响其中上升及下沉气流，以及新单体的发生，因此“静力”催化对于“动力”催化也会产生相应的影响。云催化模拟需要在时间依赖条件下，同时耦合微物理及动力过程。

4) 各代云催化模式

第一代模式中过冷云水可以在任意预定的温度转变为冰晶。第二代云催化模式则聚焦于在给定的区域中任意增加更多的冰晶，其中温度为决定因子，冰晶通过消耗过冷水而增长。第三代模式可以基本满足云催化模拟，不仅可以模拟催化剂的分布，而且可以模拟催化剂与云及降水的相互作用，模拟中催化剂以适当的时间和地点进入模式，并可以与其他变量相互作用，而相互作用的特征有赖于催化剂的种类；碘化银烟剂在流场运动，且在适当的温度时核化为冰晶；干冰在降落的过程中会升华，并产生冰晶；冰晶在增长的过程中将消耗过冷水。

5) 中等尺度对流云中冰相催化效果更明显

数值模拟研究表明，对3～7km的深对流进行催化的效果要好于对10km以上的深对流进行催化的效果，同时效果也好于温度未达到-5℃～0℃的对流，且于-25℃～-10℃效果最佳(Smith et al.，1986)。在对于尺度较大且较为活跃的对流云进行催化时，由于催化会产生更多的雪粒子，且雪粒子会被输送到云砧中，因而产生的降水较少，催化效果并不明显。

6) 正催化效果

正催化效果为通过催化达到增雨消雹的目的。Farley(1987)利用一个有20个水成物粒子分类的模式进行催化模拟，结果表明催化的确可以增加降水与消减冰雹，通过与实际雷达观测结果的对比可知，降水过程的改进模拟是十分明显的。在有效的雹暴单体中，雹胚的“有效竞争机制”明显，冰雹的增长在该机制的作用下被抑制。Young(1993)考虑了动力及详细微物理过程的模式，模拟“有效竞争机制”并不成功，其模式考虑了模拟上升气流的宽度及其倾斜特征，在这些模式中雹暴模拟的问题远未得到解决。

7) 霰粒子的初试状态

研究发现，云中早期形成的霰是由于云中催化所产生的雪再循环到融化层后产生的(Orville and Kopp，1990)，这有助于解释在一些状态下正的催化效果是如何产生的。霰粒子的出现，对于有效降水的形成是有利的，在对流的边缘降水可以降落至地面，这也证明了微物理过程与动力过程之间的相互作用的存在。

8) 微物理及动力过程的相互作用对催化效果的影响

在催化的云中，微物理及动力过程的相互作用远比各自过程本身还要重要。最终的催化效果有赖于上升气流的强度及降水粒子的相互作用。Fritsch(1986)的研究结果表明，云尺度的负催化效果会引起中尺度的正催化效果，因此应当综合考虑两种中尺度的催化效果。

9) 催化窗口

在一些模式模拟的结果中，“催化窗口”十分明显，这主要是由于降水的发生与发展的时间通常相对有限，而对流性降水尤为如此。催化会使得降水过程加速，整个进程会缩短3～6min。在温度相对较高的状态下，冰晶的繁生或其他自然过程形成的冰相粒子也会使得“催化窗口”变得更加有限。一些模式中考虑了次生冰晶效应，进而还研究了其对于降水的影响(Aleksic et al.，1989)，这种影响在海洋型降水中比陆地型降水中更为明显。然而对于较干的云而言，“催化窗口”则会变宽。

10) 模式的分离作用

数值模式可以分别讨论催化对于潜热释放及降水产生后对于上升气流的影响，而在实际观测中，这些是不能被观测到的。

11) 对于消雾的模拟

云模式可以模拟干空气侵入暖雾，进而消雾的过程。

12) 过量播撒概念

过量播撒，即向云中提供过量的冰核，进而使得没有水成物粒子达到降水粒子的尺度，这在第三代模式中是可以被模拟出来的。

13）模拟时间步长的一致性

数值模拟的结果部分依赖数值模拟技术，特别是催化及非催化的模拟时间步长应当保持一致，尤其在利用模式做数值催化试验时更是如此。

14）催化对于云中起电放电的影响

对于云的催化将会影响云中的起电及放电过程，通过数值模拟试验将会进一步明确云微物理过程对于起电放电过程的影响。

15）单个水成物粒子于催化及非催化条件下的增长

Cooper 和 Lawson（1984）通过公式计算了降水粒子的增长，并据此评估了 HIPLEX-1 试验的效果。Heymsfield（1986）则通过建立包含扩散生长、增生生长和聚集生长的方程，研究了冷云中聚并形成降水尺度粒子的重要性。Rauber 和 Grant（1986）则建立了描述在饱和云中上升气流的作用下，降水形成的最优冰晶与霰粒子浓度比率，以及霰粒子消耗过冷水增长的方程。

16）暖云催化

在朗格缪尔链式反应可行的条件下，通过播撒吸湿性的盐可使云中降水更早形成。Tzivion 等（1994）的研究表明，最优的催化剂盐粒子尺度为 20μm，还分析得到了催化产生最大降水量所需的最佳吸湿性盐粒子质量；暖云催化较冷云催化更易增加降水，但是由于微物理过程与热动力过程的相互作用，地面的降水量并不会“必然”增加。

真正实现人工影响天气中的冷云及暖云的有效催化是一项具有挑战性的工作。数值模式在人工影响天气效果评估中的作用十分明显。云催化对于降水的影响存在不同的可能性，对于暖云及冷云同样如此。图 4.1 为冷云催化可能产生的不同结果，而这些结果已部分地被数值模式所证实。

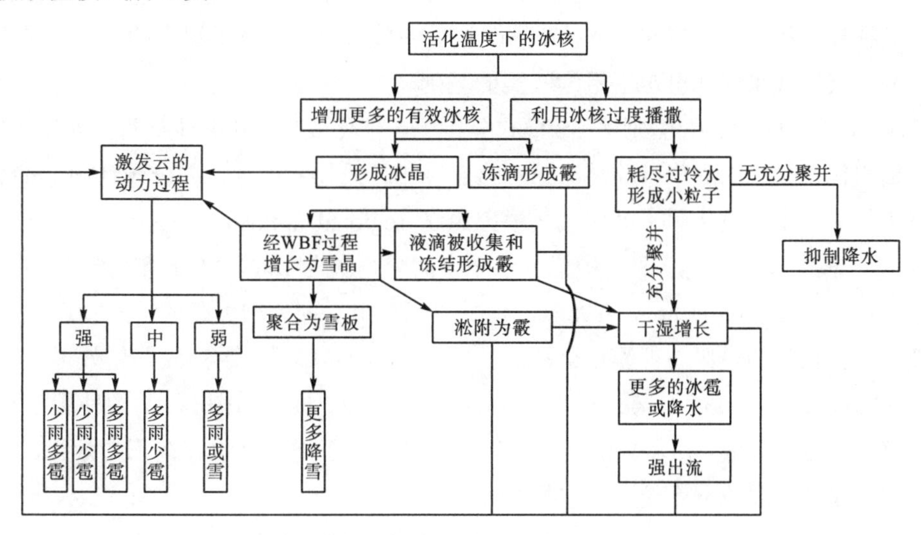

图 4.1　冷云催化可能产生的不同结果（Orville，1992）

数值模式在评估人工影响天气效果时存在一些必须回答或仍有待回答的问题。

(1)一个区域的云催化是如何改变降水分布的？

(2)在对一组云团中的单个云团进行催化时，是否可以通过对热量、水汽及维持云发展的动量的重新分布，进而产生更有利于系统发展的环境？

(3)对于一个系统中单个云团的催化是否可通过下沉气流和云合并等抑制临近云团的发展，或者激发新的更大的及持续时间更长的云团？

(4)催化云与中尺度环境之间有着怎样的相互作用机制？

利用模式可以对降水的形成导致的云与环境的复杂互相作用，进行较好地模拟。特别是利用云模式可以对催化的可能性进行分类，并能够给出对于特定环境条件下的催化效果。通过模式可以较好地分析催化机制，但必要的外场试验是必不可少的。外场试验需要的主要设备包括：多参数雷达、卫星、微波辐射计、搭载云物理探测设备的飞机、自动气象站等。

云和降水是十分复杂的过程，其催化效果通常也难以预测，因为它由云受到何种的核化(主要的冰相粒子或次要的冰相粒子核化)的影响及云的类型(海洋型或陆地型)所决定，以及催化过程中动力及微物理过程的相互作用。数值模式需要结合外场试验才能更好地分析云催化效果。

4.3 模式评估方法的新发展

由于在早期的人工影响天气工作中，一方面不能以较高的时空分辨率准确地测量云与降水的三维结构；另一方面数值模式中云的参数化方案及计算方案存在一定的局限性，因而对于云和降水过程不能进行准确地模拟。然而随着观测水平的不断提高，人们对于云的动力及微物理过程的了解更加深入，新的改进后的数值模式也有了很大的发展，这些都为人工影响天气的效果评估奠定了更为坚实的基础。

Meyers 等(1995)较好地利用三维模式分析了云催化效果，其中涉及四种冰核化模态，主要包括碘化银粒子的凝华、凝结冻结、接触冻结以及侵入冻结，并依照 DeMott(1995)实验室工作的结果参数化用于区域大气模拟系统(regional atmospheric modeling system，RAMS)中。模式模拟为高分辨率模拟，水平空间分辨率为 1km，1986 年塞拉试验的模拟结果表明(Reynolds and Dennis，1986)，模式可以模拟与催化相关联的链式物理反应，模式模拟的降水增加的量级与观测结果基本一致。此后则开展了一系列的催化效果的数值模拟研究(Guo et al.，2006；Curic et al.，2007；Chen and Xiao，2010)，其中使用了不同的碘化银核化参数化方案，在多数研究中都证实了催化对于增加降水存在正的效果，催化研究的个例不仅包括对流云系统，也包括冬季地形云。

4.3.1　碘化银云催化参数化方案

Thompson 微物理方案已被证实可以较好地模拟和预报冬季降水云(Liu and Coauthors，2008)，可在 Thompson 微物理方案中引入碘化银云催化参数化方案。碘化银通过 4 种模态核化为冰晶的比率分别为：F_{dep}(凝华)、F_{cdf}(凝结冻结)、F_{ctf}(接触冻结)、F_{imf}(浸入冻结)，依据 Meyers 等(1995)与 DeMott(1995)的研究结果，将碘化银云催化参数化方案用于 WRF 模式中，进而可以开展较为深入的工作。

对于凝华核化而言：

$$F_{\mathrm{dep}}=a\left(S_i-1\right)+b\left(\frac{273.16-T}{T_0}\right)+c\left(S_i-1\right)^2+d\left(\frac{273.16-T}{T_0}\right)^2+e\left(S_i-1\right)^3 \tag{4.1}$$

式中，$T_0=10.0\mathrm{K}$，$a=-3.25\times10^{-3}$，$b=5.39\times10^{-5}$，$c=4.35\times10^{-2}$，$d=-0.07$，S_i 为冰面饱和率，温度 T 为开尔文温度，当 $S_i>1.04$、$T<268.2\mathrm{K}$ 时该式成立。

对于凝结冻结核化而言：

$$F_{\mathrm{cdf}}=a\left(\frac{268.66-T}{T_0}\right)^3\left(S_{\mathrm{w}}-1\right)^2 \tag{4.2}$$

式中，$T_0=10.0K$，$a=900.0$，S_{w} 为水面饱和率，当 $S_i>1.0$、$T<268.66\mathrm{K}$ 时该式成立。

对于接触冻结核化而言：

$$F_{\mathrm{ctf}}=F_{\mathrm{scav}}\left[a+b\left(S_i-1\right)+c\left(S_i-1\right)^2+d\left(S_i-1\right)^3+e\left(S_i-1\right)^4+f\left(S_i-1\right)^5+g\left(S_i-1\right)^6\right] \tag{4.3}$$

式中，$a=0.0878$，$b=-3.7947$，$c=52.3167$，$d=-255.4484$，$e=568.3257$，$f=-460.4234$，$g=-63.1248$，当 $S_i>1.058$、$T<269.2\mathrm{K}$ 时该式成立。F_{scav} 为被液滴清除的碘化银粒子占总的碘化银粒子的比例，F_{scav} 还包括云滴液滴通过布朗扩散、湍流扩散、热泳及扩散泳效应对于碘化银粒子的收集。由于雨滴比碘化银粒子大很多，雨滴对于碘化银粒子的清除通常并不考虑。除了液滴，冰晶对于碘化银粒子也有相应的清除作用。

对于浸入冻结核化而言：

$$F_{\mathrm{imf}}=aF_{\mathrm{imm}}\left(\frac{268.2-T}{T_0}\right)^b \tag{4.4}$$

式中，$T_0=10.0\mathrm{K}$，$a=0.0274$，及 $b=3.3$，当 $T<268.2\mathrm{K}$ 时该式成立，F_{imm} 为浸入液滴非活化碘化银粒子的比例，其可通过跟踪清除的碘化银粒子数和与涉及碘化银粒子的微物理过程来确定的。

碘化银粒子除了可通过布朗扩散、湍流扩散、热泳及扩散泳效应核化清除，还可以被活化为云凝结核(CCN)，进而形成云滴被清除。活化为 CCN 的碘化银比例可由下式计算：

$$F_{\mathrm{ccn}}=5\left(S_{\mathrm{w}}-1\right)^{1.5} \tag{4.5}$$

式中，当 $S_{\mathrm{w}}<1.05$ 时该式成立，因此最大的碘化银粒子活化为 CCN 的比例为 5.6%。

式(4.1)～式(4.5)都有一定的适用范围，凝华核化、凝结冻结核化及CCN活化都受到水汽含量的限制，接触冻结核化及浸入冻结核化受到云滴量的限制。碘化银可以是点源释放，也可以模拟飞机播撒的移动释放。碘化银粒子尺度为对数正态分布，其中平均直径为0.04μm。碘化银粒子与水成物粒子的相互作用可由图4.2表示。方案中涉及碘化银数浓度与质量在各类水成物粒子中的守恒及碘化银湿沉降。

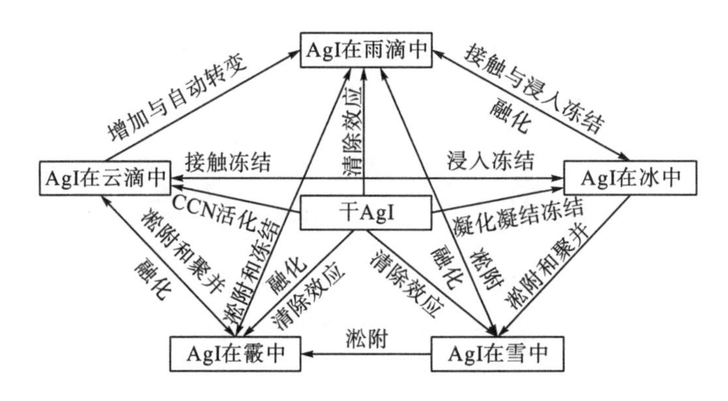

图4.2 模式催化参数化方案中AgI与水成物粒子相互作用示意图(Xue and Coauthors，2013a)

4.3.2 WRF模式催化数值试验

Xue和Coauthors(2013a，2013b)分别讨论了二维域及三维域，其中三维域中使用真实的地形，而不是平滑的地形。利用WRF模式针对2010～2011年冬季云催化作业进行模拟。云催化效果分析，以及模式物理环境与云特征参数的敏感性试验，均可通过对一些真实的催化个例数值模拟完成。其中真实的催化个例包括地面催化个例与飞机催化个例，这些催化个例中除了催化方式不同，催化的时间与环境条件也不同，模拟中云滴的数浓度被设置为100cm^{-3}。为了更好地模拟碘化银粒子的垂直扩散与混合，使用了Mellor-Yamada-Janjic (MYJ)边界层方案，同时针对Yonsei University(YSU)边界层方案、碘化银催化率、催化位置、催化时间、催化后的云微物理特征进行了敏感性试验，其中控制试验为非催化试验。试验中使用了两套初始边界条件数据集，分别为NARR(The North American regional reanalysis)再分析数据集(32km网格距、时间间隔为3h)，以及实时四维数据同化(real-time four dimensional data assimilation，RTFDDA)再分析数据集(网格距为18km、时间间隔为1h)，控制试验与敏感性试验均使用RTFDDA数据集。两个数据集输出的探空与观测结果较为一致，RTFDDA在低层则表现得更好。就降水的模拟而言，RTFDDA的表现总体也比NARR好。

在试验个例中，通过对探空资料的分析可知，在抬升凝结高度(lifting condensation level，LCL)之下大气层结稳定，并在400hPa以下大气含水量高。低层气流被山体阻挡，并出现了偏转；LCL之上大气层结较不稳定，因此在这种个例中碘化银烟羽会越过山体。此外，云温度也是十分重要的指标，因为只有在温度低于-3℃时碘化银粒子才会被活化

(Meyers et al.，1995)。模式中除了水汽场为 3h 输出一次计算效果，其他的均为每 30min 输出一次计算结果。

在催化试验中，特别是针对对数尺度碘化银数浓度(m^{-3})、液态水柱含量(mm)、催化与控制模拟的降水差异(mm)时，由碘化银数浓度以对数尺度得到：平均海平面 3000m 可代表催化条件的高度，模拟结果如图 4.3 所示。

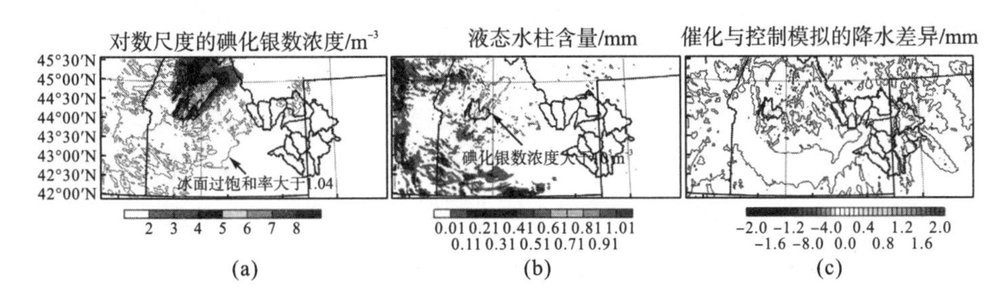

图 4.3　在平均海平面 3000m 对数尺度的碘化银数浓度(Xue and Coauthors，2013b)

(a)、(c)浅色线以内的区域冰面过饱和率大于 1.04、(b)浅色区域以内碘化银数浓度大于 $10^5 m^{-3}$。

碘化银烟羽随着气流向下游平流，碘化银烟羽的水平扩散与风切变及大气的稳定度有关，垂直扩散主要与大气的稳定度及与复杂地形相关的垂直运动相关，模式输出结果如图 4.4 所示。

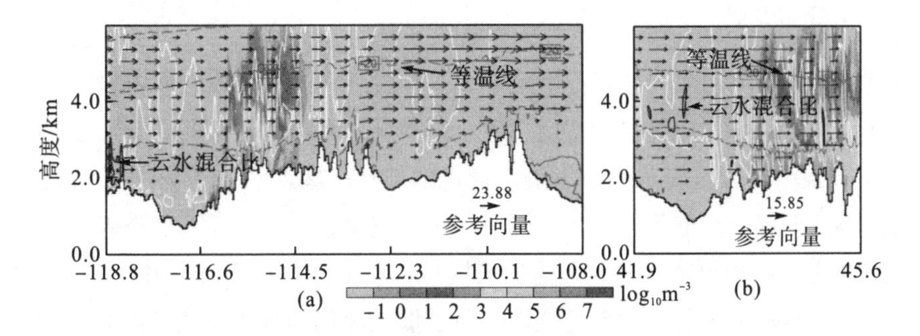

图 4.4　模式输出的“东—西”向(a)与“南—北”向(b)对数尺度的碘化银数浓度垂直剖面分布(Xue and Cauthors，2013b)

云水混合比($g \cdot kg^{-1}$)等值线、等温线(℃)及风场(矢量箭头)也在图中标出。

碘化银冰核化参数化耦合方案要求冰面饱和比大于 1.04，在该条件下凝结冻结、凝华及接触冻结模态才能成立，因此冰晶核化位于碘化银烟羽与冰面过饱和率大于 1.04 的重叠区域。冰面过饱和区域的特征主要由复杂地形引起的垂直运动决定的。在多数催化条件下，局地的碘化银活化率为 0.02%～2%，$10^5 m^{-3}$ 或更高的碘化银的数浓度可以为背景场提供更多的冰核浓度。地基催化云中的平均冰晶数浓度则为 25～$100L^{-1}$，而空基催化的平均冰晶数浓度则约为 $150L^{-1}$。

过冷液水与冰核的共同存在促进了碘化银核化冰晶，通过 WBF 过程及淞附过程生长。

过冷液水滴可清除碘化银粒子，随后通过碘化银的接触冻结与浸入冻结形成冰相粒子。当碘化银烟羽周围的液水含量更高时雪晶则会增长得更快。由于有效的扩散及湍流扩散，云滴内碘化银浓度的量级比真实的小两个量级。模拟降水的增加是非常局地的，且主要在上风方区域。

在所有的催化增雨的数值试验个例中，降水都呈现增加的特征，但是在一些局部区域也呈现减少的特征。研究发现，催化剂从地面或飞机释放后并没有立刻影响云或者降水，地面(飞机)释放的催化剂要在1h之后，才能影响云和降水，这在Deshler等(1990)早先的研究中也得以证实。由于催化剂释放后形成的液水滴或水汽会被消耗而转变成冰相粒子，因此液水(水汽)与冰相粒子的浓度变化是反位向的。在水成物粒子降落至地面之前，液态水被消耗，冰相水成物粒子增加。在模拟个例中，催化消耗的水汽比液水更多，如雪晶更多地会通过水汽的凝华形成，而不是液水的凇附生成。由于复杂地形的存在，使得碘化银扩散及湍流混合都较强，低风速条件下催化增加降水的效果也较为明显。通过数值试验可知，在模拟区冷云催化增加的降水量不超过1%，在目标区催化增加的降水量超过20%，而局地降水量相对增加可以达到近 20%，这多数是由水汽的凝华造成的(Xue and Coauthors，2013b)。

4.3.3 WRF 模式敏感性数值试验

在WRF模式敏感性试验中，主要针对模式的边界层方案、催化方式、催化强度、催化的地点及时间，以及云微物理特征等实施。边界层方案的差异直接影响碘化银粒子的垂直扩散特征。由于 YSU 边界层方案比 MYJ 边界层方案模拟的边界层更加稳定，因此在YSU边界层方案中很少有碘化银粒子进入最佳的催化区域，进而使YSU边界层方案中的催化效果并不太明显。在催化方式上，如果催化的气象条件相似，飞机空中催化比地面催化可以使得碘化银粒子更容易进入最佳的云区域，进而产生更好的催化效果。在数值试验中还发现，若自然降水过程的效率越低，则通过催化增加的降水量的效率就会越高，反之亦然。此外，若大气污染过高将会抑制降水，而适量的云催化则会激发降水。在不同的催化条件下，归一化的催化效率为0.4～1.6(Xue and Coauthors，2013b)。

4.3.4 WRF 大涡模拟

Xue 和 Coauthors(2014)利用基于大涡模拟(空间网格为100m)的WRF模式模拟了碘化银粒子的扩散，并与实测结果进行了比较，其中碘化银云参数化方案详见4.3.1节，在模拟中，碘化银从地基生成器中释放。通过数值模拟研究可知，风切变是复杂地形区域中边界层内主要的湍流动能的产生机制，地形产生的湍涡是碘化银粒子垂直扩散的主要原因。大涡模拟的碘化银烟羽浅而窄，但在近地面处模拟的碘化银浓度过高。

4.4 小　结

由于数值模式具有独特的优势，即具有低成本、可重复、易控制、能预测等特点，因此在人工影响天气效果评估中已广泛开展。经过较长时间的发展，目前人工影响天气效果模式评估工作已有了长足的发展。本章主要在引言的基础上，对人工影响天气模式评估中主要使用的模式及模式评估方法的新发展等进行了介绍。

参考文献

Aleksic N M,Farley R D,Orville H D,1989.A numerical cloud model study of the Hallett-Mossop ice multiplication process in strong convection[J]. Atmos. Res., 23: 1-30.

Anthes R A,1977.A cumulus parameterization scheme utilizing a one-dimensional cloud model [J]. Mon. Wea. Rev.:105, 270-286.

Bruintjes R T,1999.A review of cloud seeding experiments to enhance precipitation and some new prospects[J]. Bull. Amer. Meteor. Soc., 80:805-820.

Chen B,Xiao H,2010.Silver iodide seeding impact on the microphysics and dynamics of convective clouds in the high plains[J]. Atmos. Res., 96:186-207.

Cooper W A,Lawson R P,1984.Physical interpretation of results from the HIPLEX-1 experiment[J]. J. Climate Appl. Meteor., 23:523-540.

Curic M,Janc D,Vuckovic V,2007.Cloud seeding impact on precipitation as revealed by cloud-resolving mesoscale model[J]. Meteor. Atmos. Phys., 95:179-193.

DeMott P J,1995.Quantitative descriptions of ice formation mechanisms of silver iodide-type aerosols[J]. Atmos. Res., 38:63-99.

Deshler T,Reynolds D W,Huggins A W,1990.Physical response of winter orographic clouds over the Sierra Nevada to airborne seeding using dry ice or silver iodide[J]. J. Appl. Meteor., 29:288–330.

Elliott R D,1981.A seeding effect targeting model[J]. Meteor. Soc.:28-29.

Farley R D,1987.Numerical modeling of hailstorms and hailstone growth[J]. J. Climate Appl. Meteor., 26:789-812.

Flossmann A I, Wobrock W, 2010. A review of our understanding of the aerosol-cloud interaction from the perspective of a bin resolved cloud scale modelling[J]. Atmospheric Research, 97(4)：478-497.

Fritsch J M,1986.Modification of mesoscale convective weather systems[J]. Meteor. Monogr., No. 43, Amer. Meteor. Soc.:77-86.

Fukuta N,1973.Thermodynamics of cloud glaciation[J]. J. Atmos. Sci., 30:1645-1649.

Geerts B,Miao Q,Yang Y,et al.,2010.An airborne profiling radar study of the impact of glaciogenic cloud seeding on snowfall from winter orographic clouds[J]. J. Atmos. Sci., 67:3286-3302.

Geresdi I L,Xue R, Rasmussen, 2017.Evaluation of orographic cloud seeding using a bin microphysics scheme: Two-dimensional approach[J]. J. Appl. Meteor., 56(5): 1443-1462.

Guo X,Zheng G,Jin D,2006.A numerical comparison study of cloud seeding by silver iodide and liquid carbon dioxide[J]. Atmos. Res., 79:183-226.

Heymsfield A J,1986.Aggregates as embryos in seeded clouds[J].Amer. Meteor. Soc.:33-42.

Huggins A W,2007.Another wintertime cloud seeding case study with strong evidence of seeding effects[J]. J. Wea. Modif., 39:9-36.

Kopp F J,Orville H D,Farley R D,et al.,1983.Numerical simulation of dry ice cloud seeding experiments[J]. J. Climate Appl. Meteor., 22:1542-1556.

Kraus E B,Squires P,1947.Experiments on the stimulation of clouds to produce rain[J]. Nature, 159:489-491.

Kuba N,Murakami M,2010.Effect of hygroscopic seeding on warm rain clouds—Numerical study using a hybrid cloud microphysical model[J]. Atmos. Chem. Phys., 10:3335-3351.

Levy G,Cotton W R,1984.A numerical investigation of mechanisms linking glaciation of the ice-phase to the boundary layer[J]. J. Climate Appl. Meteor., 23:1505-1519.

Liu Y B, Coauthors, 2008.The operational mesogamma-scale analysis and forecast system of the U.S. Army Test and Evaluation Command[J]. J. Appl. Meteor. Climatol., 47:1077-1092.

Malkus J S,Witt G,1959.The evolution of a convective element:A numerical calculation[J]. The Atmosphere and Sea in Motion:425-439.

Meyers M P, DeMott P J,Cotton W R,1995.A comparison of seeded and nonseeded orographic cloud simulations with an explicit cloud model[J]. J. Appl. Meteor., 34: 834-846.

Nelson L D,1971.A numerical study on the initiation of warm rain[J]. J. Atmos. Sci., 28:752-762.

Orville H D,1964.On mountain upslope winds[J]. J. Atmos. Sci., 21:622-633.

Orville H D,1992.A review of theoretical developments in weather modification in the past twenty years, Proc. Symp[J]. Meteor. Soc.:35-41.

Orville H D,Chen J M,1982.Effects of cloud seeding, latent heat of fusion and condensate loading on cloud dynamics and precipitation evolution: A numerical study[J]. J. Atmos. Sci., 39:2807-2827.

Orville H D,Kopp F J,1990. A numerical simulation of the 22 July 1979 HIPLEX-1 case[J]. J. Appl Meteor., 29:539-550.

Rauber R M,Grant L O,1986.The characteristics and distribution of cloud water over the mountains of Northern Colorado during wintertime storms[J]. J. Climate Appl Meteor., 25:489-504.

Reynolds D W,Dennis A S,1986.A review of the sierra cooperative pilot project[J]. Bull. Amer. Meteor. Soc., 67:513-523.

Saunders P M， 1957. The thermodynamics of saturated air: A contribution to the classical theory[J]. Quart. J. Roy. Meteor. Soc., 83：342-350.

Schaefer V J， 1946.The production of ice crystals in a cloud of supercooled water droplets[J]. Science, 104:457-459.

Segal Y, Khain A,Pinsky M,et al.,2004.Effects of hygroscopic seeding on raindrop formation as seen from simulations using a 2000-bin spectral cloud parcel model[J]. Atmos. Res.:3-34,71.

Smith P L,Miller J R,Jr.Hirsch J H,et al.,1986.Dynamic versus microphysical effects of seeding: Some cloud model and radar observations[J]. Proc. 10th Conf. on Weather Modification, Arlington, VA, Amer. Meteor. Soc.:175-178.

Super A B,1999.Summary of the NOAA/Utah atmospheric modification program: 1990–1998[J]. J. Wea. Modif.:31, 51-75.

Tzivion S,Reisin T,Levin Z,1994.Numerical simulation of hygroscopic seeding in a convective cloud[J]. J. Appl Meteor., 33:252-267.

Vali G,Koenig L R,Yoksas T C,1988.Estimate of precipitation enhancement potential for the Deuro Basin of Spain[J]. J. Appl. Meteor., 27:829-850.

Warburton J A,Stone R H,Marler B L,1995.How the transport and dispersion of AgI aerosols may affect de- tectability of seeding effects by statistical methods[J]. J. Appl. Meteor., 34:1929-1941.

Xue L,Coauthors, 2013a.Implementation of a sil-ver iodide cloud seeding parameterization in WRF: Part I: Model description and idealized 2D sensitiv- ity tests[J]. J. Appl. Meteor. Climatol., 52:1433-1457.

Xue L,Coauthors, 2013b.Implementation of a silver iodide cloud seeding parameterization in WRF: Part II: 3D simulations of actual seeding events and sensi- tivity tests[J]. J. Appl. Meteor. Climatol., 52:1458-1476.

Xue L,Coauthors, 2014.The Dispersion of silver iodide particles from ground-based generators over complex terrain. part II: WRF large-eddy simulations versus observations[J]. J. Appl. Meteor. Climatol., 53:1342-1361.

Young K C,1977.A numerical examination of some hail suppression concepts[J]. Meteor. Monogr., No. 38, Amer. Meteor. Soc.:195-214.

Young K C,1993.Microphysical Processes in Clouds[M]. Oxford:Oxford University Press.

第5章 人工消雹效果评估

5.1 引　　言

人工消雹是人工影响天气作业中经常开展的工作之一，其在学术界也存在颇多的争议。学术界对于人工消雹效果的评估研究已有较多成果，如飞机(Smith et al.，1997)或火箭对于雹暴的作业(Simeonov，1996)，以及基于地面的消雹作业(Dessens，1986)，专门针对不同催化方法效果评估的研究还是较少的。在希腊国家消雹计划中(Rudolph et al.，1994)，通过非随机作业，基于农作物冰雹保险数据对其消雹效果进行了研究，但是在该项研究中用到的两种效果评估方法在世界气象组织的会议上被否定了(World Meteorological Organization，1996)。世界气象组织认为在人工消雹作业中应将物理参数作为消雹效果评估的依据，而不是用所谓的“农作物冰雹保险数据”，这样才能避免存在过多的争议。即使是经过了很长时间的大范围的人工消雹试验，在试验中总是存在很少的降雹日的降雹量占了整个统计时段的相当大的部分，这些降雹日没有平均分布到催化与非催化作业样本中。造成这一问题可能是有些消雹作业并不成功，随机催化作业的有效性也未被证明；也可能是催化作业完全无效。事实上，对于人工消雹催化作业效果评估而言，重要的是评估方法必须是在世界上各个地区都可以复制的。尽管冰雹保险资料在人工消雹作业效果评估中并没有得到学术界的认可，如法国利用保险资料的结果是消雹作业减少了近41%的雹暴所造成的损失(Dessens，1986)，美国北达科塔消雹作业则减少了近 45%的冰雹损失(Smith et al，1997)，在这两个地区进行的人工消雹作业效果评估用到的都是源自保险资料的“损失风险比率”。

5.2 人工消雹中典型的效果评估方法

为了更好地开展人工消雹作业效果评估工作，需要利用物理参数实施评估。有鉴于此，首先需要在地面建立一个包括目标区及控制区的测雹板测量降雹的网络，进而测量不同区的降雹差异。

利用碘化银地面播撒载具进行人工消雹催化作业，主要是在适当的时间将人工冰核释放到对流云中的适当的位置，已有的消雹试验证明，大气中的湍流及对流可以将冰核从地面经边界层输送到云中冰相粒子核化的位置(Martner et al.，1992)。人工消雹的概念是通过人为的方式，使人工冰核在雹暴云中核化，然后“争食”云中的过冷水，从而使过冷水减少并“集中”于少数的冰核上形成过大的冰雹的概率，进而达到削弱冰雹造成损失的目的。如果所有产生冰雹的单体的强度是相近的，这一人工消雹的假设在一次试验中可得以证实，即将会出现正的效果，催化导致冰雹减少；如果催化后最强的单体发展于低人工冰核播撒区域，就可得到更加正面的效果；如果催化后最强的单体发展于高人工冰核播撒区域，则说明催化效果不明显，甚至出现了负效果；如果雹暴的削弱程度在平均水平以下，则也说明催化效果不充分。然而，如果将控制区大量应用于降雹日催化试验过程中，那么催化和降雹之间的真正相关性将被揭示出来，因为最强的单体将随机分布于催化实施的网络区域中。

尽管在业务应用中利用碘化银在雹暴云中进行催化消雹作业仍存在一定的争议，一方面是由于作业中使用的碘化银价格较高；另一方面是因为催化中所用到的物理假设尚存在一定的不确定性。然而在一些地区人工消雹还是取得了令人鼓舞的成果，此项工作的“费效比”也较低。特别是在 Grossversuch IV 试验中，通过人工消雹作业，下落中的冰雹动能减小了 60%(Federer et al.，1986)。在人工消雹作业中，任何成功，无论多小，都是人工消雹作业工作向前推进的动力。

Grossversuch IV 试验是由瑞士、意大利及法国共同参与的(Federer et al.，1986)，旨在检验 Sulakvelidze(1969)提出的“雹胚竞争”消雹方法，试验中所用的消雹火箭及雷达预警标准皆与 Sulakvelidze 的实验相同。

在该冰雹形成的模型中，雹云中强上升气流十分重要，其恰当的分布为由大冻滴组成的冰雹增长累积带在雹云上部的形成提供了条件，冰雹正是在接近累积带的顶部温度为 -20℃ 区域形成的。由这一模型发展了“雹胚竞争”人工消雹理论(Sulakvelidze et al.，1974)，当生成雹云中的“水量”为有限时，冰雹由累积带中的雹胚通过淞附过冷水而长大，在这样的环境中如果引进数量为 N_f 的人工雹胚时，将会减小最终的冰雹半径 R_f，这是依据以下公式得出的：

$$\frac{R_f}{R_0}=\left(\frac{N_0}{N_f}\right)^{\frac{1}{3}} \tag{5.1}$$

式中，N_0 为雹云中的自然雹胚数，R_0 为自然冰雹半径。

在该人工消雹模型中并没有考虑由于水成物粒子相变而引起的雹云中的热动力变化，该模型只考虑了微物理过程，所以该人工消雹模型也被称为静态人工消雹模型，因此认为水成物粒子相变释放的热量较小，产生的热动力效果也较小。

这一试验过程共持续了 5 年(1977～1981 年)，在给定的区域内随机选择时间进行催化作业，按照雷达与测雹板测量得到的数据，比较催化及非催化雹暴单体的特征，关于该试验 Federer 等(1986)已经给出一些结果。试验中除了将冰雹动能作为消雹作业效果评估的参量，也将每平方米的降雹数作为效果评估参量。

在该试验中设定的雷达检测雹暴的标准为 45dBZ 的雷达反射率，对于每一个在试验中有数据的测雹板而言，可以计算每平方米的总冰雹数 N_{Ti} 、总质量 M_{Ti} 及动量 E_{Ti} ，具体公式分别如下：

$$N_{\mathrm{Ti}} = \sum_{j=1}^{k} n_j \tag{5.2}$$

$$M_{\mathrm{Ti}} = 4.7\times 10^{-7} \sum_{j=1}^{k} n_j D_j^3 \left(kg\ m^{-2}\right) \tag{5.3}$$

$$E_{\mathrm{Ti}} = 4.58\times 10^{-6} \sum_{j=1}^{k} n_j D_j^4 \left(J\ m^{-2}\right) \tag{5.4}$$

式中，n_j 为分类 j 中冰雹数 $j(\mathrm{m}^{-2})$；D_j 为第 j 个冰雹直径分类的中位数，单位为 mm；通常直径的分类间隔为 4mm，且从 5 mm 开始计算（超过这一标准则认为是冰雹）（Mezeix and Doras，1981）；在每一个冰雹检测点冰雹尺度（直径）分布可由经典的指数公式给出：

$$N(D) = N_0 \exp(-\lambda D) \tag{5.5}$$

式中，$N(D)$ 为每个 λ 的冰雹直径区间的冰雹数。

由雷达得到的一个雹暴单体冰雹动能的通量（单位为：$\mathrm{J\cdot m^{-2}\cdot s^{-1}}$）为

$$E_{\mathrm{GR}} = 5\times 10^{-6}\times 10^{0.084Z} W(Z) \tag{5.6}$$

式中，$W(Z) = \begin{cases} 0,\ Z \leqslant 55 \\ 0.1(Z-55), 56 \leqslant Z \leqslant 64 \\ 1,\ Z \geqslant 65 \end{cases}$，$Z$ 为雷达反射率（dBZ）。

而雷达得到的一个雹暴单体冰雹动能 E_{GR} 可由下式表示：

$$E_{\mathrm{GR}} = \iiint_{t_{0+5\min}}^{t_{\mathrm{f}+20\min}} E_{\mathrm{GR}}(x,y,t)\mathrm{d}x\mathrm{d}y\mathrm{d}t \tag{5.7}$$

式中，t_0 为首次达到催化标准的时间，t_{f} 为最后达到催化标准的时间。

由于 E_{GR} 为非正态分布，通常用到如下方式反应变量 R：

$$R = \ln(E_{\mathrm{GR}} + 1) \tag{5.8}$$

一个单体的所有测雹点动能总值可由下式给出：

$$\mathrm{E_G} = \sum E_{\mathrm{Ti}} S_{\mathrm{F}} + \sum E_{\mathrm{Ti}} S_{\mathrm{I}} \tag{5.9}$$

式中，$S_{\mathrm{F}} = 3.8\mathrm{km}^2$ 为法国试验中的网格面积，$S_i = 4.0\mathrm{km}^2$ 为意大利试验中的网格面积。

冰雹面积为

$$S_{\mathrm{G}} = Ps \tag{5.10}$$

冰雹质量为

$$M_{\mathrm{G}} = s\sum_{i=1}^{P} M_{\mathrm{Ti}} \tag{5.11}$$

冰雹数为

$$N_{\mathrm{G}} = s\sum_{i=1}^{P} N_{\mathrm{Ti}} \tag{5.12}$$

式中，P 为一个单体作用到的总的测雹板数，s 为网格面积。

将偏差 D_{jkm} 定义为反应变量 R_{jkm} 与预测值 f_{jkm} 之间的差值，进行效果检验：

$$D_{jkm} = R_{jkm} - f_{jkm} \tag{5.13}$$

式中，j 表示年，k 表示天，m 表示雹暴单体。

而该检验方法亦可由与云底温度 T_B 相关的公式表示：

$$D_{\mathrm{jkm}} = \alpha + \beta\left[\left(T_{\mathrm{B}}\right)_{jk} - \overline{T_B}\right] + \Delta\gamma S_{jk} + \Delta\beta\left[\left(T_{\mathrm{B}}\right)_{jk} - \overline{T_{\mathrm{B}}}\right]S_{jk} + \varepsilon_{jkm} \tag{5.14}$$

$$S_{jk} = \begin{cases} 1，在j年k天催化 \\ 0，在j年k天不催化 \end{cases} \tag{5.15}$$

式中，$\overline{T_B}$ 为平均云底温度，α与β 为非催化单体的非零自然变化参数(与T_B有关)，

$\Delta\gamma$为已潜在的催化效果，$\Delta\beta$ 为依赖T_B 的变化系数，ε_{jkm} 为随机误差。

人工消雹作业消雹统计评估需要有足够的样本，因此不仅需要有足够长的试验时间，而且还需要有足够大的试验空间范围。在人工消雹作业中，如果试验假设是正确的，雹粒子数量的增加将会导致尺度及出现频率的减小，但是可能会增加直径小于 5mm 小雹出现的频率。在以往的人工消雹试验中，降雹频率比率由下式给出：

$$r = \left[\overline{n}^{s}\right]\left[\overline{n}^{ns}\right]^{-1} \tag{5.16}$$

式中，$\overline{n}$ 为每年的平均降雹日数，s 代表催化时段，ns 代表非催化时段，中括号代表所有取样站点的平均，由此可定义人工消雹的效果为

$$E = 1 - \left[\overline{n}^{s}\right]\left[\overline{n}^{ns}\right]^{-1} \tag{5.17}$$

由前人的试验结果可知，催化试验的效果约为 25%。

1988～1995 年在法国南部开展的人工消雹作业效果评估中使用的方法对催化和冰雹数据进行了归一化，为的是在所有冰雹日内形成一个冰雹样本。对于降雹日(有一个或多个降雹点)，每个降雹点收集的冰雹直径需要大于等于 0.7cm，总的冰雹数为 N_i，降雹日的平均冰雹数 N_m 为

$$N_{\mathrm{m}} = \sum_{i=1}^{n} N_i / n \tag{5.18}$$

式中，n 为降雹日降雹点的数量。

对于给定降雹日的每一个降雹点的差分降雹数，可定义为

$$\Delta N_i = N_i - N_{\mathrm{m}} \tag{5.19}$$

一个降雹日 ΔN_i的平均值为 0。

对于催化资料而言，S_i 可与每个降雹点建立联系。由于雹暴单体是移动的，因此能在产生可以观测到的冰雹之前判断雹暴发展的位置，同时也可以判断以这个位置为中心在给定时间内释放的碘化银的量(S_i)。用于计算 S_i 的催化区域及雹暴移动时间，对于降雹点而言，可认为是不变的。

以处理同样冰雹数量的方法可知，降雹日的平均催化量为

$$S_{\mathrm{m}}=\sum_{i=1}^{n}S_{i}/n \tag{5.20}$$

相对于日平均催化，每个降雹点的相对催化量为

$$\Delta S_{i}=S_{i}-S_{\mathrm{m}} \tag{5.21}$$

式中，当$\Delta S_i>0$时，与催化量大于平均值所对应，当$\Delta S_i<0$时，与催化量小于平均值所对应，降雹日的ΔS_i平均值为0。

降雹与催化之间的关系如下所述。

ΔS_i与ΔN_i均可计算一个降雹日的，也可以计算所有降雹日的，或者依据天气形势进行分类计算。每一组都包含降雹日总数，ΔS_i相对于ΔN_i的线性回归（图 4.1），斜率为 k，这表明催化量越高，降雹量越低。

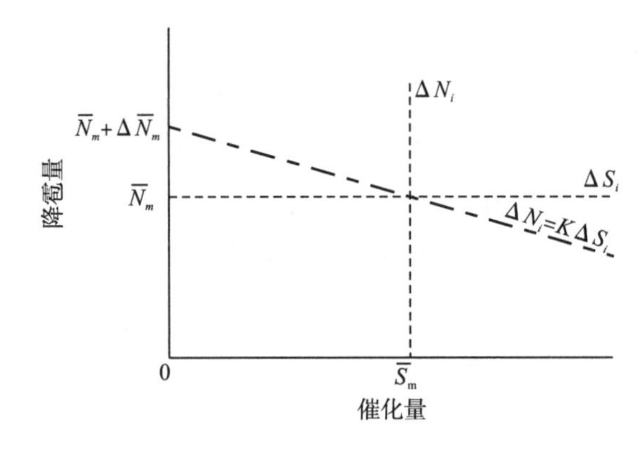

图 5.1　催化效率图

催化量与降雹量之间的关系由回归方程给出（Dessens，1998）

如果没有催化回归线表示的降雹量为$\bar{N}_{\mathrm{m}}+\Delta\bar{N}_{\mathrm{m}}$，平均降雹量中的负的相对变化可作为催化量为$\bar{S}_{\mathrm{m}}$的消雹催效率$E(\%)$，可由下式表示：

$$E(\%)=-100\times\frac{\Delta\bar{N}_{\mathrm{m}}}{\bar{N}_{\mathrm{m}}+\Delta\bar{N}_{\mathrm{m}}}=-100\times\frac{k\bar{S}_{\mathrm{m}}}{\bar{N}_{\mathrm{m}}+\mathrm{k}\bar{S}_{\mathrm{m}}} \tag{5.22}$$

在试验中，地面的播撒设备为带有涡流喷嘴的丙酮涡流燃烧器，其中为1%的AgI-0.5 NaI（1 份单位质量碘化银与 0.5 份单位质量的碘化钠）的丙酮溶液以 1.8 个大气压喷出，喷出的速率为 $1.07\mathrm{L}\cdot\mathrm{h}^{-1}$，提供的碘化银为 $8.6\mathrm{g}\cdot\mathrm{h}^{-1}$，作业期间碘化银持续播撒，其中实验室研究表明当温度为−15℃时，AgI-0.5 NaI 溶液每克碘化银可以产生 0.8×10^{14} 个冰核，当温度为−18℃时，可产生 3.0×10^{14} 个冰核，而在实际云中，冰核的核化率可能远比实验室混合云室中测量的要高（DeMott，1988）。

在该试验测量网络中共使用了 817 个测雹板检测点，通常在播撒点均设置有测雹板检测点，并在其周围设置检测点，记录时同时在测雹板背面记录测量时段与地点。

图 5.2 为催化试验个例中催化量与降雹数之间的相关关系，由图可知，尽管数据点相对较为分散，但由于降雹数据集中在图的左侧，催化量与降雹数之间呈现出一定的负相关性。

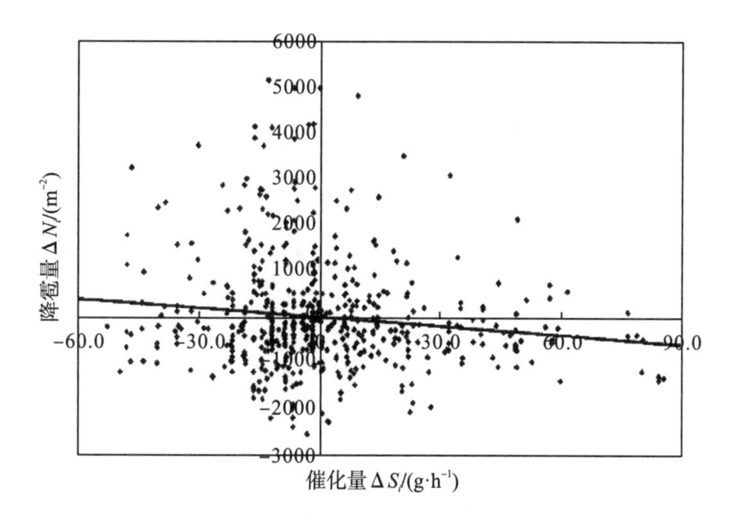

图 5.2 催化试验个例中催化量与降雹数之间的相关关系(Dessens，1998)

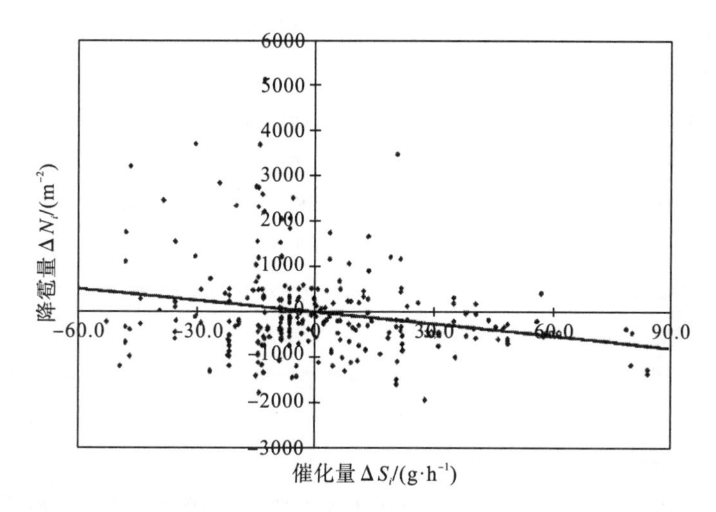

图 5.3 催化试验个例中催化量与降雹数之间的相关关系(Dessens，1998)

注：与图 3.2 中个例的高空风向不同

图 5.3 为另一个试验个例中催化量与降雹数之间的相关关系，由图可知，二者之间的关系在有利的风场环境下呈正相关性。

在 1988～1995 年的催化试验中，53 个降雹日的催化作业中共用到 630 个降雹检测点，试验结果表明，冰雹减少量与催化量呈线性关系，最大的冰雹减少量达到 42%。

5.3 小　　结

本章在对人工消雹工作开展现状分析的基础上，分析并介绍了人工消雹中典型的效果评估方法。科学地开展人工消雹工作，并有针对性地进行严谨的人工消雹效果评估仍然是富有挑战的工作，尽管学术界有大量关于雹暴天气过程的研究，但是人工消雹工作及证实其效果的真实、可靠可能还有很长的路要走。

参考文献

DeMott P J,1988.Comparisons of the behavior of AgI-type ice nucleating aerosols in laboratory-simulated clouds[J]. J. Wea. Mod., 20:44–50.

Dessens J,1986.Hail in southwestern France. II: Results of a 30-year hail prevention project with silver iodide seeding from the ground[J]. J. Climate Appl. Meteor., 25:48–58.

Dessens J,1998.A physical evaluation of a hail suppression project with silver iodide ground burners in southwestern France[J].J. Appl. Meteor., 37:1588-1599.

Federer B,Waldvogel A,Schmid W,et al.,1986. Main results of Grossversuch IV[J]. J. Appl. Meteor., 18:1526-1537.

Martner B E,Marwitz J D,Kropfli R A,1992.Radar observations of transport and diffusion in clouds and precipitation using TRACIR[J]. J. Atmos. Oceanic Technol., 9:226–241.

Mesinger F,Mesinger N,1992.Has hail in eastern Yugoslavia led to reduction in frequency of hail[J]. J. Appl. Meteor., 31:104-111.

Mezeix J F,Doras N,1981.Various kinetic energy characteristics of hail patterns in the Grossversuch IV experiment[J]. J. Appl. Meteor., 22:1161-1174.

Rudolph R C,Sackiw C M,Riley G T,1994. Statistical evaluation of the 1984–88 seeding experiment in northern Greece[J]. J. Wea. Mod., 26:53-60.

Smith P L,Johnson L R,Priegnitz D L,et al.,1997. An exploratory analysis of crop hail insurance data for evidence of cloud seeding effects in North Dakota[J]. J. Appl. Meteor., 36:463-473.

Simeonov P,1996.An overview of crop hail damage and evaluation of hail suppression efficiency in Bulgaria[J]. J. Appl. Meteor., 35:1574–1581.

Sulakvelidze G K,1969.Rainstorms and hail, Israel Progr[J]. Sci. Transl.: 310.

Sulakvelidze G K,Kiziriya B I,Tsykunov V V,1974.Progress of hail suppression work in the U.S.S.R.[J], Weather and Climate Modification, Hess, Ed.:410-431.

World Meteorological Organization, 1996.Meeting of experts to review the present status of hail suppression[C]. WMO/TD-764:39.

第 6 章　人工增加降水效果评估

人工影响天气具有“多彩”的历史(Fleming，2010)，很大程度是因为在一个特定的区域和时间段内，较难确定地面人工增加降水的具体效果，这就需要对效果进行科学的分析。统计上可靠且高效的效果分析，反过来要求试验过程在项目持续期间要设计合理且保持一致；根据新的研究结果调整试验的倾向会影响增雨作业的效果分析。

人工增加降水的核心目的是增加地表水，这也是实现其主要经济效益的基础。然而这些经济效益有赖于对大范围的空间和时间尺度上云中各物理过程相互作用的深入分析及相应的评估，因此从早期探索性研究中扩展而来的试验设计更应考虑所有过程之间的相互作用。事实上，在估算人工增加降水的经济效益时，还要同时考虑人工增加降水效益和持续运行项目的总成本，而这些成本包括消除所有潜在环境风险而采取的相应措施。

6.1　人工增加降水的预研究

人工增加降水的预研究包括针对各季节及各类云的观测与数值模拟研究，特别是对于云可催化性的研究，学术界尤为重视。而针对的云则主要包括地形云、暖云及混合相的积云。在云气溶胶相互作用及增加降水试验(cloud aerosol interaction and precipitation enhancement experiment，CAIPEEX)中，作为催化试验的基础，学术界针对印度季风期间的积云进行了研究，试验表明，陆地的污染气溶胶可以增加云厚度，进而会延迟暖云的降水(Kulkarni et al.，2012)。

外场试验及数值模拟研究旨在确定最佳的云催化方案，这些方案所依据的因素包括催化剂的有效性、催化剂播撒装置以及催化剂在适当的时间内以适当的剂量播撒至云中适当的位置等。当在确定了适合催化的区域后，将率先使用历史气候数据模拟催化，并检验在一段时间内催化效果是否显著(Manton and Warren et al.，2011)，催化效果会随着催化试验数量的增加而显现出来。此外数值研究还可以用于估测云的催化机会(Ritzman et al.，2015)。

对于人工增加降水最常见的冷云催化而言，催化的前提条件是需要有足够的过冷水，催化剂播撒于过冷水中，冰相粒子在催化剂冰核上核化，从而增长并最终在目标区内落下；催化条件在催化时段内的催化单元中保持不变，催化剂不可“污染”相邻的非催化区域。

确定好催化影响的指示因子对于评估催化试验效果也是十分必要的。大量的潜在指示因子意味着统计的多样性(在这种情况下，通过几个统计测试可能会偶然产生正的催化结果)，这是云催化试验常见的一个问题。解决这一问题的办法是，指定少量的主要指标来评估试验效果，同时列出一系列次要指标，用于在主要指标的实际基础上提供补充证据，但潜在次要指标的数量受试验中使用的观测系统范围的限制。Manton 等(2017)指出，催化效果的不确定性还与目标区自然降水的观测与反演有直接的关系。

6.2 对流云催化增加降水的效果评估

本节将对依据静力及动力理论模型，利用成冰剂(主要为干冰及碘化银)对对流云进行催化增加降水的效果进行评估。

利用成冰剂对对流云进行增加降水的催化主要依据两个概念(Braham，1986)。

第一个概念通常称为静力催化模型，其关注点主要是云中的微物理过程，其依据的假设是在一些云中降水的发生依据自然的冰晶，当自然云中缺少冰晶时，降水就受到了限制；当在这些云中人为地增加冰核，这些云中的降水就会增加。

第二个概念通常称为动力催化模型，其关注点主要是由云中的微物理过程引起的动力过程，其依据的假设是在云中催化可使过冷液滴转变为冰相粒子，一方面可以产生更多的降水与催化云中更强的下沉气流，另一方面会迫使云系统增长得更大，从而使云中聚集更多的水汽，进而产生更多的降水。

尽管存在这样两个催化模型，但是仍需要对其催化效果进行科学的评估。但在评估过程中需要强调的是由于人工增降水的预期效果评估是在自然气象变异范围内进行的，因此需要进行科学的统计和提出必要的物理证据来确定人工增加降水的真正效果。

统计评估证据是最有效的，其可由依据催化概念模型实施的随机统计试验获得，而催化概念模型通常是按照最初的设计进行实施与评估的，有时统计结果可能与原假设是相悖的。

催化效果在物理上的合理性可以与统计试验结果相互印证，同时催化过程中所发生的链式物理过程与催化概念模型也有着必然的联系。在确定催化概念模型的有效性时，催化的物理证据是必需的，同时这也为催化方法推广到其他地理区域提供了现实的依据。

6.2.1 统计评估标准

根据概念验证标准，需要强调的是随机统计试验的结果，试验严格按照最科学的设计实施。当最初的试验设计中测试及分析的假设不止一个时，统计检验的信度水平将需要根据多重分析进行调整。关于多重分析的方法已有多种(Gabriel，2000)，其中 Bonferroni 的方法应用得较多，其统计显著性水平在所示假设/分析的数量上是相同的，需要强调的是在该方法中不否决任何无效假设并不意味着相应的催化是无效的，相反，这仅仅意味着证据不足以证明催化效果与假设是一致的。统计检验中的不显著结果，特别是如“单个区域催化/不催化比率(*SR*)”，不能简单地以其大小作为判断其催化效果的依据。

对于各种利用成冰剂进行人工增加降水的试验需展开探索性分析和再分析。与探索性分析相关的 p 也不能用于否决无效假设，p 必须有多小还没有被普遍定义，但考虑到分析的多样性问题，传统的观点认为它必须比 0.05 小。Gabriel 和 Petrondas（1983）的研究表明，无法通过将运行数据与历史记录进行比较得出可靠的结论，并且已经证明了尝试这样做时遇到的偏差。由于这些偏差，他们建议从这种类型的分析中得到的 p 应该被加倍处理。

6.2.2 静力催化模型试验

自 20 世纪 60 年代开始，对流云通过静力催化模型催化增加降水的科学地位与以色列的云催化结果密不可分。而其他如 HIPLEX-1 试验（Mielke et al.，1984）及澳大利亚试验（Ryan and King，1997）则不能证实静力催化模型的概念。

1. 统计证据

以色列试验-I（Gagin and Neumann，1974）：该试验是在 1961～1967 年实施的，其被设计为随机交叉试验，试验中包含北部及中部试验区域，中间设置为缓冲区，每天北部及中部试验区又被随机分配为催化区域的控制对比区。催化的实施是随机地选择目标区在天气系统的上风方平行于海岸线在云底通过飞机释放碘化银烟剂进行的。将双比率平方根 RDR 用于试验的效果评估中，评估中 RDR 为 1.15，这表明降水量增加了 15%，组合目标的单侧 p 为 0.009。

通过分析发现，降水增加的峰值主要出现在下风方 25～50km 处的目标区中间部分，降水量增加了 22%，而组合目标的单侧 p 为 0.002。北部及中部的 SR 分别为 1.15 与 1.16，二者的单侧 p 皆为 0.16。

以色列试验-II（Gagin，1981）：该试验是在 1969～1975 年实施的，试验中设置南北两个试验区，中间以缓冲区过渡；南部试验区是由“以色列试验-I”中的中部向南延伸后设置的，面积比原先的中部试验区扩大了一倍。两个试验区随机交替分别作为试验的目标区及控制区，但必须遵循控制区在上风方区域的规则，否则需要另选区域；在效果评估中使用了双比率 DR，其中北部目标区降水增加了 13%，单侧 p 为 0.028；最大催化效果为 18%，单侧 p 为 0.017。

而在其后实施了以色列试验-III（（Nirel and Rosenfeld，1994），主要是在 1976～1991 年开展的，试验中主要目标区为以色列试验-II 中南部试验区，利用双比率进行统计，降水减小了 4.5%，其中双侧 p 为 0.42。

2. 物理证据

HIPLEX-1 与以色列试验中用了不同的方法来证实对流云静力模型催化增加降水的物理假设。在 HIPLEX-1 中，试验是根据详细的催化概念模型设计的，效果评估所需的定量物理测量被作为试验的一个组成部分；而以色列试验均为“黑箱”试验，云通过碘化银粒子催化，主要的变量测量及分析均在地面上进行(Cotton，1986)。以色列的试验是基于通用的概念模型设计的，该模型是从先前对试验区云和云系统的物理研究中发展而来的，并且对试验结果进行了分析，以确定试验数据的物理合理性。Gagin (1986)认为，以色列试验比 HIPLEX-1 中用到的方法更具风险性，因为在间接科学证据的基础上做出合理的物理假设是十分困难的，他同时也指出以色列试验中虽有不足，但其所投入的人力物力是相对较少的。

HIPLEX-1 试验(Smith and Coauthors，1984)：该随机试验是特别为检验依据静力催化概念模型催化对流云增加降水的效果而设计的，试验试图通过观测验证链式物理过程中的每一步，特别是要证实其导致云底的增加降水的真实性。对于半孤立的积云，在选定作业目标后，主要是在−10℃层通过飞机以 0.1 $kg\cdot km^{-1}$ 的速率播撒干冰。在两年的试验中共选定 20 个个例，其中 12 个作业，8 个不作业。统计结果表明(Mielke et al.，1984)，催化后云中云冰浓度有明显的增加，进而云冰的淞附过程也加快了，但是催化 5min 后，多数云中物理过程的变化并没有如期望的快。

物理评估(Cooper and Lawson，1984)表明，在 12 个催化云中，4 个出现了与试验假设相同的变化，而在另外 8 个中则出现了与试验假设相背离的现象。通过试验发现：①在降水过程中，云内夹卷对于液水的消耗远比催化本身对液水消耗得快；②降水的发展并非是如试验假设的通过云中霰粒子的增长加快的，其主要还是通过水成物粒子的聚并，以及由于高浓度冰晶存在而引起的低密度固态水成物粒子的增生；③降水的发展是在持续上升气流的云中产生的，但是即便如此，选择的催化高度有可能过低，进而错过了霰粒子在−20℃～−12℃的快速增长机会。事实上，物理评估还可以判定催化位置、催化方式等为何与静力催化模型所假设的不一致。

以色列试验中的效果评估主要依据对降水资料的统计，进而依据由试验得到的概念模型以确定云中的微物理过程。由外场催化试验研究可知，以色列的内陆云由于云滴谱较窄，具有高胶体稳定性，因而特别是就微物理过程而言，云中水成物粒子多为无效碰并。Gagin 和 Neumann(1974)的试验表明，冰晶对于在此类云中形成降水是必需的条件，由于催化前云中缺少冰晶的增生机制，冰相催化对于此类云产生的降水至关重要。

Gagin(1981)认为，以色列试验中依据云顶温度分层分析对于物理评估是较有利的。效果最显著分析中的 p 最小，且云顶温度主要为−21℃～−15℃，这与概念模型中的假设也是一致的。无论是在较暖还是较冷的云顶，催化效果与统计 p 值是成反比的。同时也表明，在云底释放催化剂，通过湍流扩散，最大的催化效果主要出现在距离催化位置 30～50km 的下风方。Gagin 对于以色列试验分析的结果具有一定的推广示范作用。

3. 再分析及其解释

Gabriel 和 Rosenfeld(1990)对以色列 II 试验进行了再分析，他们使用了统计量 RDR，这与以色列 I 使用的方法一致，但分析结果表明降水量减少了 2%，其中的双侧 p 为 0.64。

他们对于单独目标区的催化效果开展了一系列的研究，针对南北区域催化试验主要存在三种状态：①N_0S_0 指对于南或北目标区均无催化效果；②N_+S_0 指对北目标区有催化效果而南目标区无效果；③N_+S_-指对北部目标区有正的效果而对南部目标区有负效果。在以色列Ⅰ试验中主要出现的状态为 N_+C_+，即在北部及中部区域都出现正的效果。

Rosenfeld 和 Farbstein(1992)试图寻找南部目标区无效催化的原因，通过研究他们认为，这可能与北非输入的沙尘有一定的联系，沙尘(特别是表面含有硫酸盐的沙尘)可作为冰核或者巨大云凝结核，这些沙尘对南部云的作用比北部更加明显，由于“提前”被催化，人为后续再催化时出现“过度”催化现象，因而出现了无效甚至是负效果的现象。此外，Levin 等(1997)的研究则认为，南部区域催化效果不明显主要是因为处于“活化”温度南部的碘化银粒子的浓度要比北部低得多，而这一点也在其后的中尺度数值模拟中得以证实，其主要原因是南部的高浓度的催化剂物质被气流较快地输送到下风方区域去了。

Rangno 与 Hobbs(1995)对于以色列Ⅰ试验与以色列Ⅱ试验的统计结果均提出了异议，甚至对试验所依据的静力催化模型也有不同的看法。他们认为在以色列Ⅰ试验中出现的正的催化效果是虚假的或是“碰巧”出现的结果。他们的依据主要是 Wurtele(1971)的分析结果，在这个分析中，主要催化时段内过渡区降水的单比率比中部目标区的还要大，而对于流场的分析也进一步表明中部目标区催化时并没有污染到过渡区。假设是“碰巧”出现的结果，考虑到交叉试验设计的特点，北部目标区的效果也会被低估。Rosenfeld(1987)按照过渡区域降水的单比率对北部及中部目标区的单比率进行了调整。然而 Rangno 与 Hobbs 也承认在以色列Ⅰ试验与以色列Ⅱ试验中同时出现“碰巧”结果的概率并不大。

有鉴于以色列降水气候学分析结果和 Levin 等(1997)对以色列云层微结构的观测，Rangno 与 Hobbs(1997)认为以色列的对流云可产生较大的云滴、雨滴及高浓度的冰晶，而降水则会出现在相对较暖的云顶温度的条件下，而所有的这些并不完全符合静力催化模型中对于云催化所设定的基本物理过程。

4. 试验成果的推广

以色列试验的成功使其技术可向其他地区推广，最典型的就是世界气象组织在西班牙及意大利实施的不是很成功的增雨试验。

在西班牙的试验中，世界气象组织选择了静力催化模型作为科学依据。在试验中按照静力催化概念，如果具备以下条件则认为云是可催化增加降水的：①碰并过程无效；②过冷凝结水的形成速度超过或与过冷水的消耗速度相当；③催化形成的水成物粒子在降落到地面之前有足够的时间增长。由于世界气象组织资金等方面的限制，该试验被迫中断。在中断前共开展了三个阶段的试验，试验中按照静力催化模型的定义，主要是判断可催化的条件。试验最终发现静力催化模型所规定的可催化标准由于缺乏量化而很难得以实际应用。

意大利普利亚的试验目的主要就是检验以色列试验的可复制性。该试验的执行时段为1988～1994年，其可谓以色列试验技术的“黑箱复制版”。该试验是设置两个交替目标区(两个目标区之间设置过渡区)的随机交叉试验，此外还设置两个控制区。催化实施是在目标区的上风方区域按照预先设定的轨迹利用飞机在云底释放碘化银。为了确保催化技术不走样，试验中以色列的科学家、飞行员、作业飞机全程参与。List等(1999)对意大利试验进行了效果评估，其分析结果指出催化试验并无明显效果，其中RDR仅为0.92，即降水实际上是减小了8%，双侧p为0.35。进一步的分析表明，两个目标区(卡诺萨与巴里)的云存在明显的差异，其中位于巴里的目标区在中等湿度条件下对催化反应是较为正向的。由于缺乏进一步的物理测量与数值模拟试验，List等不能给出意大利试验的催化效果是否具有物理合理性。事实上，他们最终不能说明静力催化概念模型是否适用于意大利普利亚的试验，以及以色列试验技术在意大利普利亚试验中是否是可行的。

6.2.3 动力催化模型试验

最早的关于冷云催化产生动力效应的报道是Kraus和Squires(1947)在澳大利亚利用干冰对冷积云进行催化试验后给出的。在试验中他们观测到，在催化5min后积云产生了强回波和强降水。Vonnegut和Maynard(1952)在对积云催化后也观测到类似的变化。

定量的检验和利用动力催化概念模型则始于1963年(Simpson et al.，1967)，这之后在佛罗里达、德克萨斯、古巴及泰国开展了一系列的试验，试验中对催化的效果也进行了相应的评估。

1. 统计证据

1965年夏季，Simpson等(1967)在加勒比海对热带积云进行随机催化试验，试验中选定了23个云体，其中对14个进行了催化，9个作为控制云进行对比分析，催化试验是通过飞机在积云顶释放碘化银烟剂实施的。试验中利用一维的数值模式检验催化效果，同时利用飞机、雷达、摄影设备等对积云进行观测。在试验期间，没有尝试测试催化对降雨量的影响。对试验结果的分析表明，与控制云相比，积云在催化后高度增长超过了1.6km。

1968年5月，Woodley等(1982)在佛罗里达南部，依据动力催化概念模型开展了对流云催化试验。同加勒比海试验一样，该试验也是单个积云试验，试验中共选定了19个积云，其中对14个进行了催化，5个作为未催化对比控制云。尽管试验中使用了雷达，但还是由一位知识渊博但毫无经验的科学家指挥试验，他通过观看作业飞机拍摄的照片来判断这些云是否符合试验云的视觉标准，这些云由雷达进行定位。在对每个积云催化时，飞机在距离海平面约6.1km的高度，通过20次作业共向云中释放了1kg的碘化银烟剂。催化的目的主要有两个，即改变云的动力过程以及增加降水，而飞机飞行的高度正好位于云顶之上。通过试验发现，催化后云的高度平均增加了3.5km，统计分析中p为0.005，同时发现在实施催化40min后，降水平均比非催化云高出两倍(雷达资料未做质控)，单比

率 *SR* 为 2.16，而双侧 p 为 0.20，在雷达资料做质控后，*SR* 为 2.44，而双侧 $p< 0.10$。

在 1968 年实施的试验之后，1970 年 Simpson 和 Woodley(1971)在佛罗里达南部再次开展了催化试验，试验中对积云的选择及催化过程都进行了新的优化。同样共选定了 19 个积云，其中对 13 个进行了催化，6 个作为未催化的对比云。通过分析发现，催化后积云高度比未催化云平均增加了 1.9km，统计 p 为 0.01。在对雷达资料做质控后，催化后 40min 降水的 *SR* 为 1.57，统计单侧 p 为 0.10，而整个云生命期的 *SR* 为 2.80，统计单侧 p 为 0.05。

1970～1976 年，Woodley 等(1982)开展了第一次佛罗里达区域积云试验(FACE-1)，该试验为单区域随机试验，旨在检验依据动力催化概念模型进行大面积增雨催化试验的效果。催化是利用飞机于积云顶飞行，当其达到视觉及器测标准后则释放 50～70g 的碘化银烟剂，主要的观测设备包括雨量计及雷达。试验中共选定了 104 个过程，其中 53 个被催化，而 51 个不催化。同时按照催化量又分为 A 与 B 两类。B 类作业条件较好，因而催化量也较大；而 A 类作业由于作业条件较差，因而催化量也较小。B 类作业在催化后的 360min，通过统计分析 *SR* 可知，统计浮动目标时其值为 1.49，单侧 p 为 0.01；统计总目标时 *SR* 为 1.23，单侧 p 为 0.08。在合并 A 与 B 两种类型之后，统计浮动目标时 *SR* 为 1.46，单侧 p 为 0.03；统计总目标时，*SR* 为 1.29，单侧 p 为 0.05。

Woodley 等(1983)在 1978 年、1979 年及 1980 年的夏季又开展了第二次佛罗里达区域积云试验(FACE-2)，该试验与 FACE-1 不同，为验证性试验。其主要的意图是复制 FACE-1 试验过程，对 FACE-1 的效果进行聚焦再分析，但是试验结果并不是很成功。

德克萨斯试验则是于 1986 年、1987 年、1989 年、1990 年及 1994 年开展的(Woodley and Rosenfeld，1996)。试验的目的旨在检验下投式碘化银烟剂对于中尺度对流云的催化效果。为了对催化单体的全过程有清晰的了解，分析中除了用到短示踪算法，还用到了长示踪算法(Rosenfeld，1987)。在长示踪算法中单体的全过程被仔细跟踪分析，特别是重点分析了其合并及分裂等过程。试验中共分析了 38 个试验单元，其中 28 个试验单元中共包括 213 个长示踪单体与 209 个短示踪单体。对该试验进行评估后得到如下结论。①针对单体催化后最大高度的变化而言，长示踪单体的 *SR* 为 1.10，单侧 p 为 0.21；短示踪单体的 *SR* 为 1.00，单侧 p 为 0.47。②针对催化后雷达估测降水量变化而言，长示踪单体的 *SR* 为 2.63，单侧 p 为 0.014；短示踪单体的 *SR* 为 1.69，单侧 p 为 0.04。③催化后 150min 雷达估测的降水量的 *SR* 为 1.45，单侧 p 为 0.16。

古巴试验是于 1985～1990 年针对热带对流云实施的。试验的目的旨在检验利用碘化银烟剂催化对流云增加降水的效果(Koloskov and Coauthors，1996)。该试验分两步实施，第一次试验是于 1985 年实施的，检验对于催化反应最为明显的对流云种类。试验中选定了 46 个对流云，其中 29 个催化，17 个不催化。分析发现，催化后云顶高度增加了 6～8km(对应的温度为-20～-10℃)，增长后云顶的直径为 2～5 km。催化后对流云发生了明显的变化，且雷达估测的降水增加了。

试验的确认阶段是在 1986～1990 针对独立的对流云及中尺度云团实施的，试验被分别命名为古巴-1 与古巴-2。试验中主要是通过雷达观测分析两类云催化后的变化，进而分析催化效果。试验中用到了与 Rosenfeld(1987)类似的短示踪法，而主要的分析参量主要有降水量(*R*)、最大回波顶高度(*H*)、最大反射率(*Z*)、最大回波面积(*AM*)、积分回波面积(*AI*)、回波时长(*T*)。

古巴-1 试验主要涉及 46 个独立的对流云，其中 24 个催化，22 个不催化。在该评估分析中，*T*、*R*、*H* 与 *AI* 催化后的 *SR* 分别为 1.11、1.41、1.04 及 1.31，而对应的 *p* 则分别为 0.21、0.22、0.77 与 0.18；而 *Z* 与 *AM* 催化后的 *SR* 分别为 1.03 与 1.20。

在古巴-2 试验中，总共有 82 个中尺度云团，其中 42 催化，40 个不催化。在该评估分析中，催化后 *T*、*R*、*H* 与 *AI* 催化后的 *SR* 分别为 1.15、1.43、1.08 与 1.19，而对应的 *p* 则分别为 0.03、0.04、0.06 与 0.07；而 *Z* 与 *AM* 催化后的 *SR* 分别为 1.00 与 1.07。

1994～1998 年在泰国西北部超过 2000m^2 的范围内开展了针对冷云的随机增雨试验，试验中包含 8 个催化单元与 7 个非催化单元，统计分析评估，催化后 300min 催化作业的增雨效果为 173%((Silverman et al., 1994)。

2. 物理证据

所有的动力催化模型试验均可认为是“黑箱”试验，试验分析主要是利用雷达观测资料完成的。尽管针对与动力催化模型高度相关的云中链式物理过程关键环节的系统观测是检验云中物理机制合理性所必需的，但是通常统计试验并不涉及此类的观测。针对云中物理过程的观测包含快变化条件下小样本分析。许多物理测量并不是在云层中进行的，其是在试验期间随机挑选出来进行处理的，支持物理研究的分析结果与假设的动力催化概念模型相关且一致(Rosenfeld et al., 1999)。

对于动力催化概念模型的物理支撑主要源于以下的研究：①Sax 等(1979)的云微物理研究表明，碘化银催化的云含有的冰晶比不催化的云的多；②Lamb 等(1981) 指出，动力催化效果在有雨滴的云中效果最好；③Gagin (1986)针对催化单体最大回波高度与其产生的降水量之间的关系进行了研究，发现回波顶高与降水量的增加密切相关；④Rosenfeld 和 Woodley (1993)认为催化的对流单体与其周围单体合并的概率比未催化的大；⑤进一步研究发现，当云底≥15℃时云的催化效果通常较为明显，这可能是由于云滴处于冻结层以上较强的上升气流中，进而使得云滴的碰并过程更加活跃；⑥Rosenfeld 和 Nire (1997)还认为云动力催化初始反应最明显的是包含有过冷雨滴的云；⑦Rosenfeld 等(1999)的研究发现，催化云中的过冷液态含水量比不催化的消耗得快；⑧Woodley 与 Rosenfeld (2000)还指出，催化使得云中强上升气流区域产生冰相粒子的同时减少了云中的液态水。针对冷云催化的数值模拟研究表明大陆云催化效果最为明显，在云中水成物粒子的相互作用中，“碰并”并不占主导地位(Reisen et al., 1996)。

6.2.4 关键评估

依据静力及动力模型进行冷云催化的试验已经大量开展，这些试验中利用地面观测的降水资料及雷达反演的降水资料进行了效果的统计评估，其中一些还进行了物理机制的分析。

1. 静力催化模型

1) 统计证据

在以色列试验中，主要进行针对以下两个假设的检验：①在进行“单目标区-控制区”试验时，催化将增加北部区域的降水；②在进行交叉试验时，会增加南北区域的降水。通过对以色列三次试验的分析可以得到如下结论：

①以色列-I 试验中降水增加了 15%，且通过了 0.05 的信度检验；

②以色列-II 试验并不是对以色列-I 试验的完全重复，其中的单目标区及控制区的试验使得北部区域增加了 13%的降水，但 0.025 信度并不显著。

③以色列III并没有明显改变南部区域的降水。

2) 物理证据

卫星及飞机针对云物理的测量表明以色列试验中云的微结构经历了明显的变化。Rosenfeld 和 Lensky(1998) 的研究在一些云中发现了水成物粒子的碰并与冰晶的繁生，而这些云的条件与静力催化模型所设定的云并不一致；对于其他云的研究则发现，云中过冷水的生命期较长，而水成物粒子之间的碰并则少有发生，这类云的条件与静力催化模型所设定的云的条件较为一致。以色列试验中由于有沙漠沙尘的侵入，南部云的微结构变化远比北部复杂得多；而受沙漠尘埃核影响的云并不适合依据静力催化模型通过碘化银催化。因此，依据静力催化模型假设条件实施的以色列催化试验对于以色列的部分云是无效的。

2. 动力催化模型

1) 统计证据

加勒比试验主要聚焦于孤立的热带积云，利用碘化银对其进行催化后，其在垂直方向上的增长十分明显。FACE-1 试验则是将聚焦点转移至多个云体，旨在检验在佛罗里达南部固定区域多个云体依据动力催化模型增加降水的能力。FACE-2 试验则是复制 FACE-1 试验，但是并不成功。FACE-2 试验中用到了云高、降水强度、降水面积、降水时长等量分析催化效果，试验是要证实催化后对流云高度的变化，即因催化而产生的动力效应。德克萨斯试验则是以 FACE 试验为蓝本，旨在检验动力催化模型。古巴试验则是在南佛罗里达试验及 FACE 试验的基础上实施的，但是催化后统计检验效果并不明显。在泰国的试验结果与古巴的类似，其对于泰国冷云的催化试验中目标云及控制云相差总是较大，因而并未得到很好的效果。

2）物理证据

针对冷云动力催化概念模型，最初是基于同样高度的催化云与非催化云产生的降水量是相同的，且当云的高度增加时降水量也会增加这一假设。因此，如果在对过冷云部分进行过量催化时，将使过冷水冻结释放潜热，从而使催化云的浮力增加，进而使云增长得更高，最终使催化云比非催化云产生更多的降水。加勒比与南佛罗里达试验证实催化可以使云增长得更高，但是并没有给出增加降水的统计证据。在 FACE-1 试验结束后，依据试验结果建立了冷云催化概念模型（Woodley et al.，1982），该概念模型给出了催化积云增加降水的链式物理过程，同时详细阐述了依据的该模型催化的基本前提。利用该模型催化的假设是上升气流中的过冷云水在催化过程中会快速形成冰相粒子，并释放潜热从而激发上升气流的活力，增加催化云体在垂直方向增长；由于上升气流加速，高层被水成物粒子加热，增长活跃的云体下方压力减小，从而使得云体中低层的对流增强，从而推动了云增长的初始阶段，这些过程将最终导致催化云降水的增加与下沉气流的增强（Simpson，1980）；在下沉气流的出流与环境气流的相互作用下，将进一步激发催化云体周围更多云体的发展，其中的一些同样会产生降水。当催化作业是针对多个相邻单体实施时，将会增加单体的增长及其单体相互之间的合并，增强的辐合及单体之间的合并将导致云系统整体向外扩张，从而使得转变为发展旺盛的积云系统，最终的净效应是增加整个目标区域的降水。

最初建立的冷云动力催化概念模式 1 受到了诸多挑战，三维时间依赖模式的模拟并不能很好地反映中层的潜热释放，以及经由压力变化（这是链式物理反应的关键一环）向低层的传导，从而改变云系统中的流场（Levy and Cotton，1984）。与冷云动力催化概念模式 1 假设相反，德克萨斯试验的结果表明催化没有增加对流单体的高度，在同样的高度条件下催化云比非催化云产生了更多的降水，这引发了对于冷云动力催化概念模式 1 的重新的思考和改进，因而出现了冷云动力催化概念模式 2（Rosenfeld and Woodley，1993）。依据冷云动力催化概念模式 2，催化的假设是催化使云中过冷液态水快速形成冰相粒子，特别是其中最大的粒子更易凇附剩余云中的液态水，进而形成霰粒子，这种因催化形成的霰粒子增长的速度比同样质量的雨滴更快，因而大部分的云水将会转变成降水，而不会在其他的过程中损失掉。冰晶的繁生只有在大部分的云水转变成降水之后才被认为是降水的显著影响因素，这种快速将云水转变为冰相降水粒子增加了潜热的释放，同时也增加了云的浮力，激发了维持催化形成的冰相粒子增长的上升气流活力，尽管这些过程不是必然会发生的，但是它的确会激发云的增长。鉴于此，冷云动力催化概念模式 1 的基本原则（即催化对流单体增加云的高度）是不成立的（Gagin et al.，1986）。相反，冷云动力催化概念模式 2 假设催化激发上升气流产生的云的上部降水粒子的停留将延迟因降水而出现的下沉气流出现的时间，这一延迟将会使上升气流为增长的云提供更多的水汽，进而促进云中水成物粒子的进一步的生长。这些过程最终导致降水的增加，催化云中下沉气流的增强，以及辐合的强化与单体的合并，同时云系统会完全转变为成熟的积云系统，目标区降水会出现净增加。

冷云动力催化概念模式 2 被应用于泰国试验，其旨在复制德克萨斯试验的结果，并验证修改后的经由德克萨斯试验修改后的概念模型。利用雷达反演的降水资料进行催化效果的统计评估，统计的显著性是明显的，但是试验中并没有明确指出对流单体或试验单元效果的所属性。试验中与冷云动力催化概念模式 2 假设相反，对云直接的催化并没有产生预想的效果，统计检验时降水也没有明显的增加，同时分析还进一步表明降水可能增强的下沉气流并没有延迟出现。另外一个与催化概念模型明显不一致的则主要表现在催化单元平均最大的雷达反射率比非催化单元的小，这与预想的正好相反。催化与非催化降水量的平均差异随着时间的增加而越发明显，最大差异出现在催化后的 8h，而平均最大差异出现在催化后的 6h。若上述试验的催化确实有效果，那么冷云动力催化概念模式就需要修改。

由于德克萨斯试验发现催化并没有增加对流单体的高度，催化云比非催化云在同样的高度条件下产生了更多的降水，因此需要以冷云动力催化概念模式 2 代替冷云动力催化概念模式 1，事实上在泰国试验中也有类似的发现。在德克萨斯试验及泰国试验中，以雷达反演的云顶高度检验依据冷云动力催化概念模式 2 云的催化效果是最为适宜的。Woodley 与 Rosenfeld(2000)通过总结认为，冷云动力催化概念模式 1 中的催化增加云的高度应当在冷云动力催化概念模式 2 中保留，但并不是必须的。他们指出在加勒比与佛罗里达试验中云顶高度在催化后是明显增加了，且在云顶之上飞行的飞机明确观测到了这一变化，相反，在德克萨斯试验与泰国试验中，云顶高度分别是利用 5cm 与 10cm 的雷达以 12dBZ 为阈值确定的，因此这两个试验中云顶高度有可能被低估。此外，他们在分析中还认为在两个试验中催化云顶的高度比非催化的低估得更多，这是因为催化设定的是改变云的微物理结构，从而引起催化云在冻结层之上的反射率随着高度的增加而快速下降。因此，催化云与非催化云实际物理高度的差异可能比雷达反演的高度差异大，且实际差异在统计上更加明显。解决这种不确定性十分重要，因为这有助于解释不同动力催化模型试验在结果上不一致性的原因，特别是催化对云顶高度的不同影响，同时它还可以提供迄今为止最可信的证据，证明催化实际上激活了上升气流，这是催化概念模型假设的物理链式反应中的一个关键环节。

6.3　小　　结

在对大量试验的累积结果进行严格分析的基础上，对于静力与动力催化概念模型的检验连续实施了 40 多年，结果表明，从严格意义上讲，试验尚未提供证明其科学有效性所需的充分的统计或物理证据。因此学术界在这样的状态下认为云的催化作业是大有希望的，虽然没有被充分证实，但是仍然是需要不懈努力完善的工作。

对于以色列试验统计证据，仔细解析后发现，催化对于北部、南部或中间目标区域的效果并不明显。以色列 I 试验使得综合目标区降水增加了 15%，且通过了 0.05 的显著性检验，但是该试验结果却没能成功地复制到以色列 II 试验中去。依据概念证明标准，结果的可信度取决于催化概念模型的物理真实性，而催化概念模型是云催化增加降水的基本依据。静力催化概念模型在以色列试验中的应用并不成功，在以色列试验中，部分对流云产生了大云滴、降水尺度的滴、高浓度的冰晶，且降水发生在云顶温度相对高的条件下，但云受到沙漠沙尘的影响，而这些与静力催化概念模型的物理假设并不一致。

同样按照概念证明标准，针对动力催化概念模型的试验研究也没有能够提供足够的统计与物理证据以充分证实其可信度，没有一个试验如同最初设计的那样通过催化显著增加了降水。其中的物理证据包括一小部分在快速变化的云中的取样，而更多的物理测量并没有在试验中随机选择的催化云中实施，从物理研究可以总结出最多的是研究结果与冷云动力催化概念模型假设的并不完全一致。第一版的冷云动力催化概念模型中假设了催化引起最大云顶高度的增加，而这的确也在加勒比与南佛罗里达试验中出现了。德克萨斯试验结果促使学术界对冷云动力催化概念模型进行修改，因为试验中催化激发了上升气流，但是并没有增加最大云顶高度，而对于上升气流的充分激发并未得到充分的证实。

每一个动力催化模型试验都是依据有明确假设的既定催化概念模型实施的，对于催化概念模型的检验需要根据最初设计实施，但是这些设计通常难以完全达到统计上的显著性检验，以及自称的正的催化效果。通常试验结果的报告更加强调(夸大)具有探索性分析的暗示性，但不确定降水增加的结果。事实上这些结果很难从严格的科学角度被证实，或者将试验结果复制到其他后续试验中去，即使在后续试验中进行了效果评估，但是效果通常不尽如人意。

自20世纪70年代以来，与静力和动力催化概念模型相关的试验及研究为冷云降水发展机制和可能的催化效果提供了一些基本的依据。一些试验的探索性事后分析表明，在严格气象条件下，在催化后的一段时间内，催化存在一定的正效果，但是由于催化概念模型中未考虑的某种原因，这些成功的结果很难在后续的试验中得以验证，新的试验需要解决支持对流云静力与动力催化概念模型所需的统计及物理证据中的不确定性、不一致性及缺失性。考虑到对于南非冷对流云实施的吸湿性烟剂催化的效果较好(Silverman，2000)，其结果在墨西哥试验以及吸湿性粒子对于泰国暖云的催化试验中进行了复制，通过对这些试验结果的分析，旨在获得对支持吸湿性粒子催化概念更直接及更有力的证据，Reisen 等(1996)的数值研究表明吸湿性粒子催化比冰相粒子催化更易增加降水，且由于最优催化时间更长也更易实施。

在南非、泰国及墨西哥开展的吸湿性催化试验都是针对单体云实施的，试验中假设云中降水的增加主要是催化改变云微物理过程，使云向海洋性云转变的结果。然而，三个试验中仍然需要利用催化引起的动力作用解释最终的效果。这些理论主要是催化的微物理过程将增强云中的下沉气流，并延长云的生命期，然而由于缺乏必要的物理及模式证据，这些理论尚不能脱离推测的范畴。世界气象组织重点关注的是如何解析催化引发的链式物理过程，以及在此基础上如何设计催化试验以达成增加降水的效果，此外世界气象组织希望在吸湿性催化试验中尽可能地避免已在冰相粒子催化中所犯的错误，深入解析云中下沉气流的时间、位置和强度如何影响对流云系统对于评估吸湿性粒子催化及冰相粒子催化的潜力都是十分必要的。实际上任何一种云催化技术，都应依据概念证明标准实施，并需对催化概念进行明确的物理与统计检验，以建立其在科学上的可信度。可信度的建立不能利用已有的试验资料通过分析给出，而需要通过在试验物理量测量之前就开始相应的准备，以便为选定试验区域的云设计相关的和可测试的物理假设，这些物理假设的发展和评估应该引起试验者足够的重视，涵盖预期的所有相互作用尺度数值模式在这个工作中将会起到十分重要的作用。物理假设应是明确的统计假设的基础，也是检验统计假设的依据。如果试验结果表明统计检验是有效的，则应当进一步进行相应的物理检验，试验中应当设计用于通过确认假定的物理过程链中的关键环节来验证统计结果的物理合理性，需要用物理证据来验证催化与所有相关运动尺度的统计结果之间的因果关系，并为广泛应用这项技术、在其他区域复制这项技术和实施可操作的催化项目奠定物质基础。

通过对各试验结果的分析，可以得到如下的基本结论，即目前对云(无论是冷云还是暖云)催化增加降水试验应用的催化技术并未得到完全科学意义上的验证，未来相应的科学研究应当还有很长的路要走。

参 考 文 献

Braham R R Jr., 1986. Precipitation enhancement—a scientific challenge [J]. Meteor. Monogr., No. 43, Amer. Meteor. Soc.: 1-5.

Cooper W A,Lawson R P,1984.Physical interpretation of results from the HIPLEX-1 experiment[J]. J. Climate Appl. Meteor., 23:523-540.

Cotton W R,1986.Testing, implementation, and evolution of seeding concepts—a review[J]. Precipitation Enhancement—A Scientific Challenge, Meteor. Monogr., No. 43, Amer. Meteor. Soc.:139-149.

Fleming J R,2010.Fixing the Sky[M]. NewYork:Columbia University Press.

Flossmann A，Wobrock W, 2010.A review of our understanding of the aerosol - cloud interaction from the perspective of a bin resolved cloud scale modelling[J]. Atmospheric Research, 97(4):478-497.

Gabriel K R,2000.Planning and evaluation of weather modification projects[C]. Seventh WMO Sci. Conf on Weather Modification, (Suppl.) Vol. Ill, Chiang Mai, Thailand, WMO:39-59.

Gabriel K R,Petrondas D,1983.On using historical comparisons in evaluating cloud seeding operations[J]. J. Climate Appl. Meteor., 22:626-631.

Gabriel K R,Rosenfeld D,1990.The second Israeli rainfall stimulation experiment: Analysis of precipitation on both targets[J]. J. Appl. Meteor., 29:1055-1067.

Gagin A,1981.The Israeli rain enhancement experiments：A physical overview[J]. J. Wea. Modif, 13:1-13.

Gagin A,1986.Evaluation of "static" and "dynamic" seeding concepts through analyses of Israeli II experiment and FACE-2 experiments[J]. Precipitation Enhancement—a Scientific Challenge, Meteor. Monogr., No. 43, Amer. Meteor. Soc.:63-76.

Gagin A,Neumann, 1974.Rain stimulation and cloud physics in Israel[J]. Weather and Climate Modification, W. N. Hess, Ed., Wiley-Interscience:454-194.

Koloskov B,Coauthors, 1996.Results of experiments of convective precipitation enhancement in the Camaguey experimental area, Cuba[J]. J. Appl. Meteor., 35: 1524-1534.

Kraus E B,Squires P A,1947.Experiments on the stimulation of clouds to produce rain[J]. Nature, 159(4041):489-492.

Kulkarni J R,Maheskumar R S,Morwal S B,et al.,2012.The cloud aerosol interaction and precipitation enhancement experiment (CAIPEEX): Overview and preliminary results[J]. Current Science, 102(3):413-425.

Lamb D, Sax R I,Hallett J, 1981.Mechanistic limitations to the release of latent heat during the natural and artificial glaciation of deep convective clouds[J]. Quart. J. Roy. Meteor. Soc.:107, 935-954.

Levin Z,Krichak S,Reisen T,1997.Numerical simulation of dispersal of inert seeding material in Israel using a three-dimensional mesoscale model (RAMS)[J]. J. Appl. Meteor., 36:474-484.

Levy G,Cotton W R,1984.A numerical investigation of mechanisms linking glaciation of the ice-phase to the boundary layer[J]. J. Climate Appl. Meteor., 23:1505-1519.

List R,Gabriel K R,Silverman B A,et al.,1999.The rain enhancement experiment in Puglia, Italy: Statistical evaluation[J]. J. Appl. Meteor., 38:281-289.

Manton M J,Peace A D,Kemsley K,et al., 2017.Further analysis of a snowfall enhancement project in the snowy mountains of Australia[J]. Atmospheric Research, 193:192-203.

Manton M J,Warren L,2011. A confirmatory snowfall enhancement project in the snowy mountains of Australia. Part II: Primary and associated analyses[J]. Journal of Applied Meteorology and Climatology, 50(7):1448-1458.

Mielke P W,Berry K J,Dennis A S,et al., 1984.HIPLEX-1: Statistical evaluation[J]. J. Climate Appl. Meteor., 23:513-522.

Nirel R,Rosenfeld D,1994.The third Israeli rain enhancement experiment—an intermediate analysis[C]. Proc. Sixth WMO Sci. Conf. on Weather Modification, Paestum, Italy, WMO:569-572.

Planche C W,Wobrock A I,Flossmann F,et al.,2010.The influence of aerosol particle number and hygroscopicity on the evolution of convective cloud systems and their precipitation: A numerical study based on the COPS observations on 12 August 2007 [J]. Atmospheric Research, 98(1):40-56.

Rangno A L,Hobbs P V , 1995. A new look at the Israeli cloud seeding experiments [J]. J. Appl. Meteor., 34: 1169-1193.

Rangno A L,Hobbs P V, 1997.Reply [J]. J. Appl Meteor., 36:253-254.

Reisen T,Tzivion S,Levin Z,1996.Seeding convective clouds with ice nuclei or hygroscopic particles: A numerical study using a model with detailed microphysics[J]. J. Appl.Meteor., 35:1416-1434.

Ritzman J M,Deshler T,Ikeda K,et al.,2015.Estimating the fraction of winter orographic precipitation produced under conditions meeting the seeding criteria for the Wyoming weather Modification Pilot Project[J]. Journal of Applied Meteorology and Climatology, 54:1202-1215.

Rosenfeld D,1987.Objective method for tracking and analysis of convective cells as seen by radar[J]. J. Atmos. Oceanic Technol., 4:422-434.

Rosenfeld D,Farbstein H,1992.Possible influence of desert dust on seedability of clouds in Israel[J]. J. Appl. Meteor., 31:722-731.

Rosenfeld D,Lensky M I,1998.Space-borne based insights into precipitation formation processes in continental and maritime convective clouds[J]. Bull. Amer. Meteor. Soc., 79:2457-2476.

Rosenfeld D,Nirel R,1997.Cloud microphysical observations of relevance to the cold-cloud seeding conceptual model[J]. J. Wea. Modif, 29:56-68.

Rosenfeld D,Nirel R,Sudhikoses P,et al.,1999.The Thailand cold cloud seeding experiment: 3. Physical support for the experimental results[C]. Proc. Seventh WMO Sci. Conf. on Weather Modification, Chiang Mai, Thailand, WMO:29-32.

Rosenfeld D,Woodley W L,1993.Effects of cloud seeding in west Texas: Additional results and new insights[J]. J. Appl. Meteor., 32:1848-1866.

Ryan B F,King W D,1997.A critical review of the Australian experience in cloud seeding[J]. Bull. Amer. Meteor. Soc., 78:239-254.

Sax R I, Thomas J, Bonebrake M, 1979. Ice evolution within seeded and non-seeded Florida cumuli[J]. J. Appl. Meteor., 18:203-214.

Silverman B A, Hartzell C L,Woodley W L,et al.,1994.Thailand applied atmospheric research program[J].Demonstration Project Design:183.

Silverman B A,2000.An independent statistical reevaluation of the South african hygroscopic flare seeding experiment[J]. J. Appl. Meteor., 39:1373-1378.

Simpson J,1980.Downdraft as linkages in dynamic cumulus seeding effects[J]. J. Appl. Meteor., 19:477-187.

Simpson J,Brier G W,Simpson R H,1967.Stormfury cumulus seeding experiment 1965: Statistical analysis and main results[J]. J. Atmos. Sci., 24:508-521.

Simpson J,Woodley W L,1971.Seeding cumulus in Florida: New 1970 results[J]. Science, 172(3979): 117-126.

Smith P L,Coauthors, 1984.HIPLEX-1: Experimental design and response variables[J]. J. Climate Appl. Meteor., 23:497-512.

Vonnegut B,Maynard K, 1952. Spray-nozzle type silver iodide smoke generator for airplane use[J]. Bull. Amer. Meteor. Soc., 33:420-428.

Woodley W L, Barnston A,Flueck J A,et al.,1983.The Florida area cumulus experiment's second phase (FACE-2) [J]. J. Climate Appl. Meteor., 22:1529-1540.

Woodley W L,Flueck J A,Biondini R,et al.,1982.Clarification of the confirmation in the FACE-2 experiment[J]. Bull. Amer. Meteor. Soc., 63:273-276.

Woodley W L,Rosenfeld D,1996.Testing cold-cloud seeding concepts in Texas and Thailand[J]. Preprints, 13th Conf. on Planned and Inadvertent Weather Modification, Atlanta, GA, Amer. Meteor. Soc.:60-67.

Woodley W L,Rosenfeld D,2000.Evidence for changes in microphysical structure and cloud drafts following Agl seeding[J]. J. Wea. Modif, 32:53-67.

Woodley W L,Rosenfeld D,Sukarnjanaset W,et al.,1999.The Thailand cold-cloud seeding experiment: 1. Physical-statistical design[C]. Proc. Seventh WMO Sci. Conf. on Weather Modification, Chiang Mai, Thailand, WMO:21-24.

Woraynard K,1952.Spray-nozzle type silver iodide smoke generator for airplld meteorological organization, 2018: peer review report on global precipitation enhancement activities[OL]. http://www.wmo.int/pages/prog/arep/ wwrp/new/documents/FINAL_WWRP_ 2018_1.pdf.

World Meteorological Organization, 2018.Peer Review report on global precipitation enhancement activities;WWRP 2018–1[OL]. http://www.wmo.int/pages/prog/arep/wwrp/new/documents/FINAL_WWRP_2018_1.pdf.

Wurtele Z S, 1971.Analysis of the Israeli cloud seeding experiments by means of concomitant meteorological variables [J]. J. Appl. Meteor., 10:1185-1192.

第7章　人工消雾效果评估

7.1　雾的一般特性

广泛分布的浓雾会通过影响环境和危及人身安全而产生巨大的社会经济损失。当浓雾发生时，地面交通最易受到严重影响，地面能见度低会导致地面运输速度减慢或延误，进而造成事故多发。一方面雾发生的高度较低，很难通过雷达或卫星进行观测；另一方面雾的时空变率较高，对于某个给定区域，雾一年当中可能会多次发生，也可能根本就不会发生(Ratzer，1998)，这都使得对于雾的观测是较为困难的工作。此外，雾还兼具边界层与天气尺度特征，特别是一些区域雾会在很多条件下发生，既会出现辐射雾，也会出现平流雾，因此对于雾的预报也不容易。目前对于雾的预报依赖观测与数值模式，而观测则尤为重要。

在北半球的大陆地区，每年10月至次年3月，雾时有发生。在一天当中，雾主要发生在夜间，尤其是以日出前后出现的频率最高(Meyer and Lala，1989)。通过水平能见度和雾底高度观测可估计浓雾的强度，雾发生时的水平能见度通常比随后持续发生时的略低；雾底高度被定义为因雾产生的遮蔽现象的垂直可见性，在多数浓雾发生时，雾底高度为0m。

雾发生时多有高压天气系统控制，风速较低，特别是浓辐射雾发生时平均风速不会超过1ms^{-1}；地面辐射冷却明显，且温度多在-7～13℃(Meyer and Lala，1989)。而浓雾发生后雾中的风速与垂直混合加强，随着辐射冷却从地表转移到云顶，雾滴浓度增加，逆温减弱，地表温度升高。

7.2　消雾的基本理论

7.2.1　无催化剂的动力消雾

无催化剂的动力消雾作业中主要用到的设备为直升机，在清除过程中，直升机在雾层上方的晴空处悬停或向前飞行，在直升机飞行高度的空气湿度没有达到饱和时，直升机旋翼旋转产生的向下的冲力使得其周围较干的空气进入下方的雾，并与之混合，进而使雾滴蒸发，最终达到消雾的目的。直升机消除雾的范围通常远大于直升机本身的尺度，一般比直升机尺度大10～20倍。

消雾效果可以通过观测飞机拍照来确定，在飞机上拍摄的照片从不同的视角反映了消雾的效果。消雾后的区域雾滴被完全清除，且能见度增加。同时在试验中发现，当雾的厚度较大时，消雾的区域较小；当雾的厚度较小时，消雾的区域则较大。

雾的发展从日出至自然消散会经历三个主要的阶段，即初始稳定阶段、中间对流阶段、最终对流消散阶段，这些阶段可以通过消雾作业与雾自然消散时间差来定义；雾清除效果在最终对流消散阶段最为明显，在中间对流阶段则最不明显，在初始稳定阶段则介于其他两个阶段的中间。

通过试验也发现，直升机的旋翼旋转覆盖面积越大，向下传输的空气量就越大，进而消雾的效果也就越好。

雾的清除率 R 可由下式表示(Plank et al.，1971)：

$$R = V_{c} / V_{d} \tag{7.1}$$

式中，V_{c} 是稳定阶段(时间为 Δt)清除的雾的体积，V_{d} 是直升机旋翼在该阶段向下输送的空气体积。

直升机旋翼产生的空气通量可表示为(Gessow and Myers，1952)：

$$F_{v} = \left(\frac{\pi D^{2} M g}{4 \rho_{f}} \right)^{\frac{1}{2}} \tag{7.3}$$

式中，M 为直升机的质量，D 为旋翼的直径，g 为重力加速度，ρ_{f} 为直升机飞行高度的空气密度。

因此 V_{d} 可以表示为

$$V_{d} = F_{v} \Delta t \tag{7.3}$$

(a)07:47:04　　(b)07:47:33

图 7.1　1969 年 9 月 12 日直升机消雾试验效果对比图(Plank et al.，1971)

圆圈为作业直升机所在位置

由图 7.1 可以看到经过 29s 的飞机作业，消雾的效果已经较为明显。

Plank 等(1971)的试验表明，利用直升机消雾是一个行之有效的方法，特别是对于厚度不超过 100m 的雾，效果尤为明显。消雾的效果与雾的厚度有一定的关系，如通过试验可知直升机对于 70m 厚的雾比 170m 的雾消除能力高一个数量级；另外一个决定消雾效果的因素是距离自然雾消的时间，如果比自然雾消作用时间越短，则消雾的效果就越好。

消雾效果可以通过作业后能见度的变化进行实时的检验，在作业中，雾的厚度过大、飞机在雾层上方的飞行速度过快、需清除的路径过长、连续清除作业时路径不重叠，以及雾中湍流过强等均会影响消雾作业的效果。

7.2.2 过冷雾消除

过冷雾消除依据的物理原理是：在相同的温度条件下，过冷液滴的水汽压比冰晶高；如果有足够的冰晶引入过冷雾中，并扩散到足够大的区域内，则雾中多数的雾滴会通过增长冰晶的沉降而清除，进而改善能见度。

整个消雾过程依赖冰晶的产生，而冰晶可以通过向雾中释放液态丙烷生成；气化的丙烷在雾中可以形成一个低温区域，当液滴在低温区域停留足够长的时间后，便被冻结；在过饱和的冷空气中，液态丙烷的释放激发产生了大量小冰晶，丙烷以每小时大约 10 加仑(1 加仑≈3.79L)的速度通过碰嘴导入雾中。

冰晶由液态丙烷产生后，需尽可能均匀地扩散到雾中，扩散过程直接决定着雾中的冰晶分布。由于液态丙烷比环境空气重，其从液罐喷嘴喷出后路径弯曲并指向地面，因此为了得到冰晶更好的扩散效果，喷嘴通常被安装在尽可能高的塔上。能见度是由于大气中的水汽被移除，并以固态雪晶的降落而改善的。

能见度的改善是逐渐完成的，这依赖冰晶在雾中的扩散，当冰晶增长至可以下落的尺度时，随后其便会从雾中降落。通常向下的气流越强，则雾的清除效果就会越好。

过冷雾消除主要是向雾中释放液态丙烷，释放的装置包括液态丙烷罐、竖直向上高度为 7m 的丙烷发射管，丙烷的流量由喷嘴的大小决定，如图 7.2 所示。

图 7.2 消雾用液态丙烷发生装置(Vardiman et al.，1971)

在过冷雾人工消除过程中通常由 4 个人进行操作，即一名作业指导、两名催化人员，以及一名作业效果观测人员。

在温度低于-1℃时，过冷雾的催化作业并不会遇到太多的问题，作业时主要需要关注近地面风的特征，应尽可能地应用风对于催化剂的传播。当温度为-1～-0.5℃时，在作业 90min 后，过冷雾清除效果明显，能见度得到了很好的改善。

7.2.3　暖雾的消除

1. 加热法消雾

已有的研究证明，可以通过热能对暖雾进行清除；地面热源阵列可为消雾提供必要的热能，可以通过加热空气，从而提高空气含有水汽的能力；如果空气温度被加热得足够高，雾滴则会被蒸发，进而能见度也会增加。英国最早将该技术用于第二次世界大战时的消雾工作中(Walker and Fox，1946)，由于该消雾技术在当时的条件下在具体试验中花费过高，于 1953 年暂停了。然而随着商业飞机的频次逐渐增加，飞行延误造成的损失日益明显，相比之下消雾的花费则变得能够承受了。特别是加热消雾不会产生任何的污染，其应用前景相当可观。这种消雾作业通常是在机场跑道两侧实施的，机场跑道两侧的加热器加热的热气流上升融合，从而达到消雾的目的，该系统也被称为被动暖雾消除系统。这类系统中最著名的是法国的 Turboclair 系统(Sauvalle，1976)，其主要是利用多余的喷气机引擎排列在跑道旁提供热气流消雾，并在法国巴黎的戴高乐机场进行了实际应用。

为了清除给定体积中的雾，必须对该体积的空间提供足够的热量，从而蒸发雾滴，并可承载处于水蒸汽状态的蒸发水；后者需要的热量与雾的温度及液态水含量有关。

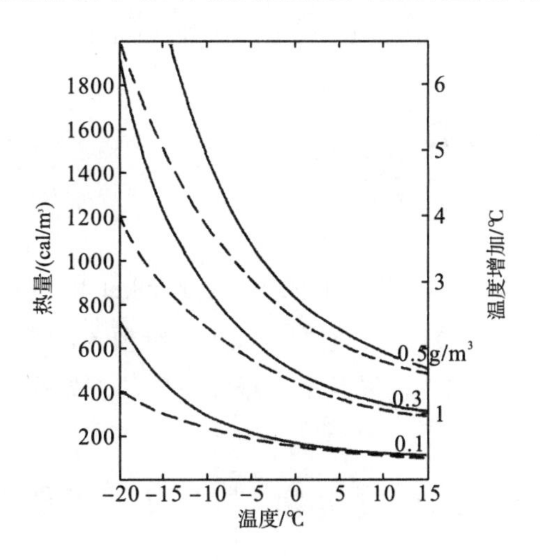

图 7.3　消雾所需要的热量与空气温度及液态水含量的关系(Kunkel，1979)

实线为考虑了燃料燃烧产生水汽时所需要的热量，

虚线则为未考虑这部分时所需要的热量

图 7.3 给出了清除不同含水量及温度的雾时所需要的热量。事实上，任何碳氢类的燃料在燃烧产生热量时都会产生一些水汽，实线为考虑了燃料燃烧产生水汽时所需要的热量，虚线则为未考虑这部分时所需要的热量。燃料燃烧产生热量造成的温度增加与空气密度有关，图 7.3 是在 1000mb 的大气压下得到的。当雾的温度低于 0°C 时，消雾所需要的热量会大幅度增加，特别是在高液水含量的情况下尤为如此。在 0°C 以上时，燃烧燃料增加的水汽对于热量需求的影响并不大；但是在低于 0°C 时，增加的水汽对于热量需求的影响则变得异常明显。由于 0°C 以下时消雾需要更多的热量，暖雾消除技术更多地倾向应用于温度较高的雾的清除作业中。由图 7.2 可知，当温度增加 2°C 时，绝大多数的暖雾都会被清除。含水量高于 $0.3g/m^3$ 的雾是十分少见的，这样的雾由于需要消耗过多的热能，并不适合通过热清除的方法加以清除。

2. 吸湿性催化剂消雾

由于氯化钠具有强吸湿性，其可以从雾中吸收水汽，从而在达到相应的平衡条件之前迫使雾滴蒸发。除了氯化钠，人们还使用磷酸盐、尿素以及尿素与硝酸铵的混合物作为催化剂进行消雾(Kocmond，1969)，通过研究发现这些物质与氯化钠的消雾效果十分接近。

在播撒吸湿性催化剂后，首先，水汽在催化剂微粒子上凝结，使得这些微粒子进行潮解(这个阶段时间很短，不超过 1s)；紧接着，水汽在盐溶液滴上凝结，与此同时使得雾滴蒸发；最后当盐溶液滴足够大时，便进入液滴的合并阶段。整个消雾过程的效率是较难定量获得的。由于雾的特征具有较大的不确定性，重复性的试验很难得以实施，因而数值模拟研究则是重要的方法。

7.3 消雾的效果评估

7.3.1 Kunkel 模式评估方法

1. 模式的建立

为了建立吸湿性物质与消雾效果之间的关系，Kunkel 和 Silverman(1970)发展了相应的模式。雾比云更接近均质介质，因而他们发展出一维模式，即当单分散的盐颗粒(NaCl)通过雾层时，考虑“蒸发-凝结”，以及重力碰并现象。首先他们给出了描述吸湿性粒子增长的方程：

$$\frac{\mathrm{d}r}{\mathrm{d}t}=\frac{D'F_1}{rT\rho_d R_v}\left[e-e_s(1+K)\exp\left(-10^{-3}mM_\omega\nu\phi\right)\right]\times\left[1+\frac{e_s(1+K)\exp(-10^{-3}mM_w\nu\phi)D'L^2}{R^2T^3k}\right]^{-1} \quad (7.4)$$

式中，D' 为改进的分子扩散系数，F_1 为质量传输的通风系数，r 为液滴半径，T 为环境温度，ρ_d 为液滴密度，R_v 为水汽气体常数，e 为环境水汽压，e_s 为纯水平面饱和水汽压，$m=10^3m_s/(m_wM_s)$ 为溶液滴的摩尔浓度，m_s 为溶质质量，m_w 为水的质量，M_s 为溶质分子量，M_w 为水的分子量，ν 为 1moL 质形成的离子摩尔数，ϕ 为摩尔渗透压系数，L 为凝结潜热，k 为热传导系数，$K = 2\sigma / (\rho_d r R_v T)$ 为开尔文曲率项（σ 为液滴的表面张力）。

蒸发的雾水量与在吸湿性催化剂粒子上凝结的水汽量是直接相关的，凝结的水汽有赖于催化剂粒子数及其增长率，具体可由下式表示：

$$\Delta e_w = n\frac{\Delta m}{\Delta z} \tag{7.5}$$

式中，Δe_w 为单位体积消耗的水汽质量，n 为单位面积中催化剂粒子数，$\frac{\Delta m}{\Delta z}$ 为一个催化剂粒子下落距离 Δz 的质量的变化。水汽消耗主要是 $\frac{nr}{v}$ 及环境与液滴水汽压差 $e - e_s(1+K)\exp(-10^{-3} m M_\omega \nu\phi)$ 的函数，催化剂粒子下落速度 v 等于液滴的下落末速度。对于给定体积特定尺度的催化物质，水汽消耗量是液滴水汽压的函数，其中对于给定质量的催化物质，水汽消耗量是液滴水汽压与催化物质密度的函数，即

$$\Delta e_w \propto \frac{nr}{v}(e - e_d) \propto \frac{V}{r^2 v}(e - e_d) \propto \frac{M}{\rho r^2 v}(e - e_d) \tag{7.6}$$

式中，e_d 为液滴水汽压，V 为催化物质的总体积，M 为催化物质的总质量，ρ 为催化物质的密度。

当液滴被稀释时，液滴的水汽压则会减小。对于溶液滴水汽压与纯水水汽压比值而言，在催化剂粒子潮解阶段基本保持不变，随着溶液滴尺度的快速增加，该比值会迅速增加并趋近于 1（即溶液滴水汽压趋近于纯水水汽压）。

液滴水汽压由于溶质的存在而减小，减小的幅度与液滴中水的质量 m_w 及溶质的分子量 M_s 成反比，而与溶质的质量 m_s、1mol 溶质形成的离子摩尔数 ν 及摩尔渗透压系数 ϕ 成正比。因此，如果吸湿性催化剂具有较小的分子量以及在雾中下落过程中具有较大的 $\nu\phi$ 时，其消雾的能力就会较强。如果体积不变，其他的因素相同时，密度较高的吸湿性催化剂的效率会较高。

2. 不同吸湿性催化剂消雾的效率

尺度较为均一的粒子下落通过无湍流的雾层，经凝结而吸收水汽，而液滴也会与雾滴合并。吸湿性粒子的增长与下沉以 1s 为步长进行计算，直至其降落至地面为止。雾中的雾滴在水汽压较小的状态下会被蒸发，直到水汽压达到平衡为止。雾滴的尺度分布与能见度也是以 1s 为步长进行计算的。当吸湿性粒子以干粒子状态被引入时，其作为溶质在液滴中溶解，并扩散至液滴表面，由于扩散的速度足够快，这些粒子可认为是饱和溶液滴。在潮解过程之后，粒子的增长率是为随溶液浓度变化的液滴水汽压的函数。

水合物 $CaCl_2 \cdot 6H_2O$ 是以无水的形式分散，并在进入雾顶之前可以吸收足够的水汽以达到稳定的水合物状态。在近饱和的大气中，这些无水化合物增长为水合物通常只需要数秒钟的时间。模式中假设温度为 10℃，大气压为 1000mb。

在模式的模拟中当催化剂为干的吸湿性物质时，播撒后其首先进入潮解阶段，催化剂粒子增长为饱和溶液滴，这些液滴通过吸收水汽以及与雾滴的碰并而增长，进而可以达到增加能见度的效果。绝大多数的催化剂物质在距离雾顶很近的高度时便被完全溶解于雾滴中了。磷酸二钠粒子在潮解过程中重量可以增加近 30 倍，由于这个过程很慢，其降落过程会贯穿整个雾层。

通过模拟还发现，氢氧化锂是所有吸湿性物质中最为有效的催化剂。这主要是由于其分子量较小，且在所有的摩尔浓度下会导致相对较小的表面水汽压。由于 NH_4NO_3 与尿素密度较低，当以同样的体积相比较时，并非为十分有效的催化剂。但是以同样的质量进行比较时，其与 NaCl 几乎为同样催化效率的催化剂。$CaCl_2$ 与 $NaNO_3$ 与其他催化剂相较而言，催化效率较差，主要是由于其分子量较大。总体而言，所有的催化剂(除了 Na_2HPO_4)的催化效率与雾的厚度、雾滴尺度，以及粒子的播撒率(除了在雾层上方数米处粒子会潮解)等无关。由于 Na_2HPO_4 上的饱和水汽压较大，其实际的消雾效率是存在一定的不确定性的。通常，当催化剂于低摩尔浓度时，对雾滴水汽压减小的越多，则催化剂的效率就越高。

在模式的模拟中，当催化剂为饱和溶液滴时，催化剂液滴以直径为 100 μm 及 1500 个/cm^2 的速率进行播撒。对于饱和溶液滴催化剂而言，溶质的溶解度是十分重要的因子，因为其决定着单位体积的溶液中可溶的溶质量。NH_4NO_3 溶解度为 1.50，是相对较高的，因而比其他化学物质形成的溶液的催化效率会更高。相反，LiOH 溶解度仅为 0.127，而 Na_2HPO_4 的溶解度则更小，为 0.035。

对于盐的混合溶质(如 $2LiCl \cdot CaCl_2$)，其溶解度与 LiCl 及 $CaCl_2$ 的差异并不大，因此由这两种溶质形成的溶液催化剂的催化效率并没有优于各自为溶质形成的溶液催化剂的催化效率。NH_4NO_3 与尿素的混合物在给定体积的溶液中比单纯的 NH_4NO_3 的溶解度约高出 45%，而比单纯的尿素则高出约 85%，因而 NH_4NO_3 与尿素的混合物溶质形成的溶液催化剂消雾的效率则明显比单一溶质形成的溶液催化剂要高。

对于干的吸湿性物质催化剂而言，其稀释时保持相对低的表面水汽压是影响消雾效率最重要的因素。对于催化剂为饱和溶液滴而言，溶质的溶解度则是至关重要的要素，其决定着消雾的效率。在实际作业中，由于考虑到一些物质具有较强的腐蚀性与碱性而并不会被实际运用，而尿素及硝酸铵的腐蚀性与碱性不强，同时两种物质的制备费用也不高，因此其常作为实际消雾的催化剂。

由已有的数值研究可知，吸湿性盐粒子的引入对于消雾有着明显的效果。消雾最佳的催化剂用量及盐粒子的直径有赖于雾的各特征参数，如初始的液水含量、雾层的高度、雾中的湍流强度，以及雾滴滴谱分布等。

7.3.2　Reuge 模式评估方法

1. 模式的建立

Reuge 的工作则更加深入，其模式包含质量传输(凝结/蒸发)、重力与湍流引起的碰并、纯水液滴以及吸湿性盐粒子(盐主要有 $CaCl_2$、NaCl 与 KCl)。Reuge 等做了以下的假设。

(1)气相与液相具有同样的温度；

(2)潮解阶段时间很短，小于 1s，初始的盐粒子状态为液态，且需要考虑两种液相($k=\alpha$或β)，α 为纯水液相，β 为盐溶液相。

(3)雾及盐溶液滴的直径大于 1 μm，因而布朗运动不明显。

(4)初始的雾滴及盐溶液滴的尺度分布被认为是单分散的，因而粒子的数密度平衡方程可由下式表示：

$$\frac{\partial N_\alpha}{\partial t}=-\frac{\partial}{\partial z}\left(N_\alpha \upsilon_\alpha\right)-F_{\alpha\beta} \tag{7.7}$$

$$\frac{\partial N_\beta}{\partial t}=-\frac{\partial}{\partial z}\left(N_\beta \upsilon_\beta\right) \tag{7.8}$$

式中，N_k 为液滴的数密度，$F_{\alpha\beta}$ 为雾滴及溶液滴之间的碰并效率，υ_k 为液滴的下落末速度。

(5)假设开尔文效应可以忽略(粒子直径大于 0.1 μm)。

(6)水汽与空气的对流及轴向扩散可以忽略，质量平衡方程可由下式表示：

$$\frac{\partial}{\partial t}\left(\rho_w\varepsilon_\alpha\right)=-\frac{\partial}{\partial z}\left(\rho_w\varepsilon_\alpha\upsilon_\alpha\right)+\frac{3}{2}\varepsilon_\alpha Sh_\alpha D_v M_w\left(RTr_\alpha^2\right)^{-1}\left(P_{vap}-P_{sat}\right)-\rho_w(4/3)\pi r_\alpha^3 F_{\alpha\beta} \tag{7.9}$$

$$\frac{\partial}{\partial t}\left(\rho_\beta\varepsilon_\beta\right)=-\frac{\partial}{\partial z}\left(\rho_\beta\varepsilon_\beta\upsilon_\beta\right)+\frac{3}{2}\varepsilon_\beta Sh_\beta D_v M_w\left(RTR_\beta^2\right)^{-1}\left(P_{vap}-P_s\right)-\rho_\beta(4/3)\pi r_\alpha^3 F_{\alpha\beta} \tag{7.10}$$

式中，ρ_k 为密度，ε_k 为体积分数，Sh_k 为施伍德数，D_v 为空气中水汽的扩散系数，M_w 为水的摩尔质量，r_α 为雾滴的半径，R_β 为盐溶液滴的半径。

在式(7.9)与式(7.10)右边的第一项代表对流，式(7.9)中第二项代表蒸发，式(7.10)中第二项代表凝结，第三项代表碰并。

(7)对于初始的盐粒子半径 $R_{\beta,0}$ 的初始密度为 $\rho_{\beta,0}$，若液滴密度为常数 ρ_w，液滴的初始半径为 $R'_{\beta,0}=R_{\beta,0}(\rho_{\beta,0}/\rho_w)^{1/3}$，因而质量平衡则可由下式表示：

$$\frac{\partial \varepsilon_\alpha}{\partial t}=-\frac{\partial}{\partial z}\left(\varepsilon_\alpha\upsilon_\alpha\right)+\frac{3}{2}\varepsilon_\alpha Sh_\alpha D_v M_w\left(\rho_w RTr_\alpha^2\right)^{-1}\left(P_{vap}-P_{sat}\right)-(4/3)\pi r_\alpha^3 F_{\alpha\beta} \tag{7.11}$$

$$\frac{\partial \varepsilon_\beta}{\partial t}=-\frac{\partial}{\partial z}\left(\varepsilon_\beta\upsilon_\beta\right)+\frac{3}{2}\varepsilon_\beta Sh_\beta D_v M_w\left(\rho_w RTR_\beta^2\right)^{-1}\left(P_{vap}-P_s\right)-(4/3)\pi r_\alpha^3 F_{\alpha\beta} \tag{7.12}$$

对于给定的体积，总水质量(液水与水汽之和)因对流通量而变化，因此水 (液水与水汽之和)的质量平衡方程可表示为

$$\frac{\partial \varepsilon_{\mathrm{w}}}{\partial t}=-\frac{\partial}{\partial z}\left(\varepsilon_{\alpha} \upsilon_{\alpha}\right)-\frac{\partial}{\partial z}\left(\varepsilon_{\mathrm{w}, \beta} \upsilon_{\beta}\right) \tag{7.13}$$

水汽分压可表示为

$$P_{\mathrm{vap}}=\rho_{\mathrm{w}} R T r M_{\mathrm{w}}^{-1}\left(\varepsilon_{\mathrm{w}}-N_{\alpha} \varepsilon_{\alpha}-N_{\beta} \varepsilon_{\mathrm{w}, \beta}\right) \tag{7.14}$$

空气中的水汽分压为(Reid et al.，1977)

$$P_{\mathrm{sat}}=10^{6} / 760 \exp \left[18.3036-3816.44(T-46.13)^{-1}\right] \tag{7.15}$$

在盐溶液滴表面的水汽饱和分压P_{s}可表示为

$$P_{\mathrm{s}}=a_{\mathrm{w}, \beta} P_{\mathrm{sat}} \tag{7.16}$$

盐溶液中水分子的运动$a_{\mathrm{w}, \beta}$随盐的特性及浓度而变化。

而碰并效率可由表示为

$$F_{\alpha\beta}=\pi \Gamma_{\alpha\beta} N_{\alpha} N_{\beta}\left(r_{\alpha}+R_{\beta}\right)^{2} g_{\mathrm{r}, \alpha\beta} E_{\mathrm{coll}}\left(r_{\alpha}, R_{\beta}\right) E_{\mathrm{coal}}\left(r_{\alpha}, R_{\beta}\right) \tag{7.17}$$

式中，$\Gamma_{\alpha\beta}$为径向分布方程(在忽略优先积累效应时，其值为 1)，$g_{\mathrm{r}, \alpha\beta}$为$\alpha$与$\beta$相液滴之间的平均相对速度，$E_{\mathrm{coll}}$为碰撞效率(依赖$r_{\alpha}$与$R_{\beta}$)，$E_{\mathrm{coal}}$为合并效率。

根据 Zaichik 等(2009)对湍流中粒子相互作用的研究，$g_{\mathrm{r}, \alpha\beta}$可由下式表示：

$$g_{\mathrm{r}, \alpha\beta}=\sqrt{\frac{16}{\pi} \frac{2}{3} q_{\mathrm{r}, \alpha\beta}+\left(v_{\beta}-v_{\alpha}\right)^{2}} \tag{7.18}$$

式(7.18)中根号下第一项为液滴之间的相对扰动，第二项为液滴之间的相对运动对于相对速度的影响。

液滴之间的相对扰动$q_{\mathrm{r}, \alpha\beta}$可由液滴的动能给出(Zaichik et al.，2009)：

$$q_{\mathrm{r}, \alpha\beta}=\frac{1}{2}\left(q_{\alpha}^{2}+q_{\beta}^{2}-2 \sqrt{q_{\alpha}^{2} q_{\beta}^{2} \zeta_{\alpha} \zeta_{\beta}}\right) \tag{7.19}$$

式(7.19)中q_{α}^{2}与q_{β}^{2}为液滴的扰动。ζ_{α}与ζ_{β}为气相与液相粒子相关系数，可分别表示为

$$\zeta_{\alpha}=\frac{q_{\mathrm{f}\alpha}}{2 k} \frac{q_{\mathrm{f}\alpha}}{2 q_{\alpha}^{2}} \tag{7.20}$$

$$\zeta_{\beta}=\frac{q_{\mathrm{f}\beta}}{2 k} \frac{q_{\mathrm{f}\beta}}{2 q_{\beta}^{2}} \tag{7.21}$$

式中，q_{fk}为流体-液滴协方差。

(8)假设雾为均质各向同性湍流介质，且其遵循 Tchen 与 Hinze 局部平衡，因而有：

$$2 q_{\mathrm{k}}^{2}=q_{\mathrm{fk}}=2 k \frac{\eta_{\mathrm{fk}}}{1+\eta_{\mathrm{fk}}} \tag{7.22}$$

式中，$\eta_{\mathrm{fk}}=\tau_{\mathrm{f}} / \tau_{\mathrm{pk}}$(Stokes 数的倒数)，$\tau_{\mathrm{f}}$为拉格朗日湍流时间尺度，$\tau_{\mathrm{pk}}=\rho_{\mathrm{k}} d_{\mathrm{k}}^{2} / 18 \mu_{\mathrm{a}}$为粒子反应时间。

最终雾滴与盐溶液滴的相对速度可由下式给出：

$$q_{\mathrm{r},\alpha\beta}=\frac{1}{2}\left(q_{\alpha}^{2}+q_{\beta}^{2}-2k\frac{\eta_{\mathrm{t}\alpha}}{1+\eta_{\mathrm{t}\alpha}}\frac{\eta_{\mathrm{t}\beta}}{1+\eta_{\mathrm{t}\beta}}\right)=\frac{k}{2}\left(\frac{\eta_{\mathrm{t}\alpha}}{1+\eta_{\mathrm{t}\alpha}}+\frac{\eta_{\mathrm{t}\beta}}{1+\eta_{\mathrm{t}\beta}}-2\frac{\eta_{\mathrm{t}\alpha}}{1+\eta_{\mathrm{t}\alpha}}\frac{\eta_{\mathrm{t}\beta}}{1+\eta_{\mathrm{t}\beta}}\right) \tag{7.23}$$

2. 模式的评估结果

模式评估了 $CaCl_2$、NaCl 与 KCl 三种吸湿性盐粒子的消雾能力。由数值试验可知，使用 NaCl 时雾层几乎完全被消除(即水平能见度可以超过 1km)，而使用 $CaCl_2$ 与 KCl 仅消除了 80%的雾层，其中 KCl 比 $CaCl_2$ 更加有效。消雾的主要微物理过程是通过雾滴的蒸发及水汽在盐粒子上凝结完成的，只有约为 0.4%的雾滴通过与盐溶液滴重力碰并完成消雾。

在催化过程中，当雾层越厚时，就需要更多量的吸湿性催化剂，而催化的过程也会相对越长，但是这种持续的时间并非是线性的。

就吸湿性催化剂粒子的初始直径而言，当初始催化剂粒子直径越小时，它们的下落时间就会持续得越长，因而其吸收的水汽就会越多，所以在选择催化剂粒子的初始直径时，需要同时兼顾催化效率及催化时间。

对于不同性质的雾而言，特别是对于因不同的平均雾滴直径与数密度导致的不同含水量的雾而言，催化时所需要的盐粒子数密度与雾层的初始含水量应当成正比。

就催化过程中雾的温度而言，雾的温度越低，表明其在空气中及液滴表面的水汽分压就越低，因而“蒸发-凝结”现象就发生得越慢。盐粒子的数密度与消雾所需要的总时间会随着雾的温度的降低而几乎呈线性增长。

在催化过程中产生的亚微米量级的盐粒子，由于尺度过小而很难降落至地面，因而其对于催化效率的影响并不明显。

尽管雾中的湍流强度远比云中的要小，但是在不同类型的雾及风速条件下湍流强度有着较大的变化。在典型的雾中，湍流引起的碰并与重力引起的碰并可能是同等重要的。事实上，湍流的作用是非常小的，并不足以促进碰并，因此最终并不足以实质性地改善水平能见度。

7.3.3　物理评估方法

在暖雾发生的过程中，学术界开展了一系列的消雾评估试验。试验包括以给定的频次对雾进行加热，同时在地面分别建立目标测量塔及控制测量塔，旨在试验前后对相应的气象背景场进行测量，测量要素主要包括不同高度的能见度、温度、露点、风向、风速(水平及垂直方向的)、液水含量、雾滴谱分布。

1. 清除体积的一般特征

在美国加利福尼亚州范登堡空军基地进行的试验表明(Kunkel et al.，1974)，加热器加热对于雾的能见度的影响是十分明显的；加热数秒后在目标测量塔就可发现能见度已得到明显的改善，但是能见度的改善也会被飘过的团雾影响而有所下降。能见度通常由前向散射仪及激光雷达进行测量，通过测量能见度便可以得到消雾的距离与范围。能见度波动性的变化与加热器影响的范围相对有限是有关的。加热器提供了充分的湍流混合，使得雾夹卷进入湍流，目标测量塔处于热湍流的边缘处也会使测量得到的能见度出现较大的波动。

其他影响平均能见度影响的因子还包括含有雾滴的气块从加热区域上方的侵入。这些向下运动的气块可由目标测量塔观测到，如果侵入的气块距离目标测量塔越近，则气块浸入加热区雾滴被蒸发所需要的时间就越短。通过视觉观测可知，一些含有雾滴的气块会完全进入加热区，这些气块比加热区的温度低，但又比环境温度高，说明这些气块穿过加热器时受到的干扰较少。由于气块的温度有少许的升高，其中的雾滴蒸发并不充分，因而在到达目标测量塔时并没有得到明显的改善。

对于不同液态水含量及平均雾滴尺度的雾而言，通过试验可知，当提供足够多的热量后对能见度的改善是十分明显的。

2. 热量输出对于消雾的影响

试验中测试了加热器如增加加热强度与增加更多的加热器对于消雾的影响。具体消雾效果的评估主要分析了能见度、风、温度等代表性参量。试验过程中背景场气象条件的变化并不明显。试验发现增加加热器的强度与增加加热器的数量均对于消雾及增大能见度有明显的效果。能见度的增加不仅与热量输出量的量有关，还与热量作用于雾的时间有关，作用于雾的时间越长，含雾滴的气块与加热区域混合得就越充分，有更多的雾滴会被蒸发。

3. 风对消雾的影响

气象要素中对于消雾影响最明显的因素是风，风速对于加热区域的结构与范围都有明显的影响。在同样的加热及风速条件下，雾的蒸发会引起温度升高幅度的降低。风速的增大可以降低雾滴蒸发的时间。加热器的加热效率受风速及高度的影响(加热效率可定义为用于蒸发雾滴的热量与总热量之比)，在消雾过程中温度要升到足够高，从而使得雾滴不会在这个过程中重新出现凝结的现象。由测量塔的观测可知，在近地面低风速条件下，加热效率介于60%～80%，并随高度及风速的增大而减小；加热效率随距加热器距离的增加而增加，这是由于热量蒸发雾滴存在更长的时间。

4. 湍流对消雾的影响

加热器造成的湍流能量可用垂直方向风速的方差 σ_w^2 来表示，其与加热器热量输出的强度 Q 及相对于时间的热量输出(QV/D，其中 V 为水平风速、D 为加热器距离目标区的距离)有关，加热器产生的湍流随时间而减小。在低层高度 σ_w^2 与 QV/D 均呈线性关系。加热器对于目标区风的水平分量同样也有一定的影响，但对于风向的影响并不明显，通常不会造成超过 20°～30°的偏差。通过试验可以得到以下结论：①当横向风分量超过

1.5m/s 时，加热消雾效果十分明显；②加热器消雾由于热量在空间中不能均匀分布，进而造成目标区的能见度产生波动；③消雾的程度依赖加热器的加热强度；④风速对于热量的垂直分布有明显的影响，当风速小于 1.5m/s 时，热量由地面过快向上输送，近地面的消雾效果不佳，随着风速的增加消雾效果则有所改善；当风速超过 2m/s 时，地面消雾效果达到最佳。

7.4 小　　结

人工消雾是重要的传统人工影响天气工作之一，针对不同类型的雾，其相应的消除方法也各不相同。本章从介绍雾的一般特性开始，进而分析了消雾的基本理论，最终聚焦于消雾的效果评估。从目前已开展的人工消雾工作来看，该工作仍然存在一定的难度，但是就人工消雾的效果评估工作而言，物理评估具有一定的优势。

参 考 文 献

Gessow A,Myers G C Jr., 1952.Aerodynamics of the Helicopter[M]. New York:The MacMillan Company.

Kocmond W C,1969.Laboratory experiments with seeding agents other than NaCl[J]. Progress of NASA Research on Warm Fog Properties and Modification Concepts, NASA SP-212:86-96.

Kunkel B A,1979.A modern thermo-kinetic warm fog dispersal system for commercial airport[J]. J. Appl. Meteor., 18:794-803.

Kunkel B A,Silverman B A,1970.A comparison of the warm fog clearing capabilities of some hygroscopic materials[J]. J. Appl. Meteor., 9:634-638.

Kunkel B A,Silverman B A,Weinstein A I,1974.An evaluation of some thermal fog dispersal experiments[J]. J. Appl. Meteor., 13:666-675.

Meyer M B,Lala G G,1989.Climatological aspects of radiation fog occurrence at Albany, New York[J]. J. Climate, 3:577-586.

Plank V G,Spatola A A,Hicks J R,1971.Summary results of the Lewisburg fog clearing program[J]. J. Appl. Meteor., 10:763-779.

Ratzer M A,1998.Toward a climatology of dense fog at Chicago's Hare International Airport[J]. NWS Tech.

Reid R C,Prausnitz J M,Sherwood T K,1977.The Properties of Gases and Liquids[M]. NewYork:McGraw-Hill.

Sauville E,1976.Operational fog dispersal system at Orly and Charles De Gaulle Airports using the turboclair process[J]. Proc. Second WMO Sci. Conf. Weather Modification:397-404.

Vardiman L,Figgins E D,Appleman H S,1971.Operational dissipation of supercooled fog using liquid propane[J]. J. Applied Meteorology, 10:515-525.

Walker E G,Fox D A,1946.The Dispersal of Fog from Airfield Runways[M].London: Ministry of Supply.

Zaichik L I,Fede P,Simonin O,2009.Statistical models for predicting the effect of bidisperse particle collisions on particle velocities and stresses in homogeneous anisotropic turbulent flows[J]. Int. J. Multiphase Flow, 35(9): 868-878.